Textbook for Astronomy-Space Test

天文宇宙検定

公式テキスト
—— 星博士ジュニア ——

天文宇宙検定委員会 編

4級

2020年

恒星社厚生閣

天文宇宙検定 とは

　科学は本来楽しいものです。楽しさは、意外性、物語性、関係性、歴史性、予言力、洞察力、発展性などが、具体的なものを通じて語られる必要があります。そして何よりも、それを伝える人が楽しまなければなりません。人と人が接し合って伝え合うことの大切さを見直してみる必要があるでしょう。

　宇宙とか天文は、科学をけん引していく重要な分野です。天文宇宙検定は、単に知識の有無を検定するのではなく、「楽しく」、「広がりを持つ」、「考えることを通じて何らかの行動を起こすきっかけをつくる」検定でありたいと願っています。

　個人の楽しみだけに閉じず、多くの市民に広がり、生きた科学に生身で接する検定を目指しておりますので、みなさまのご支援をよろしくお願いいたします。

総合研究大学院大学名誉教授

池内　了

Textbook for Astronomy-Space Test

天文宇宙検定

CONTENTS

★ 探査機にのせた宇宙人へのメッセージ

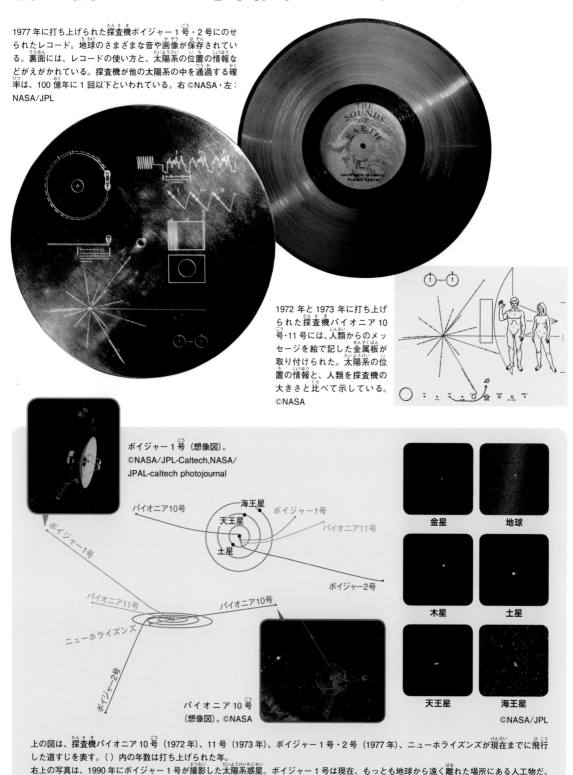

1977年に打ち上げられた探査機ボイジャー1号・2号にのせられたレコード。地球のさまざまな音や画像が保存されている。裏面には、レコードの使い方と、太陽系の位置の情報などがえがかれている。探査機が他の太陽系の中を通過する確率は、100億年に1回以下といわれている。右©NASA・左：NASA/JPL

1972年と1973年に打ち上げられた探査機パイオニア10号・11号には、人類からのメッセージを絵で記した金属板が取り付けられた。太陽系の位置の情報と、人類を探査機の大きさと比べて示している。©NASA

ボイジャー1号（想像図）。©NASA/JPL-Caltech,NASA/JPAL-caltech photojournal

パイオニア10号
海王星
天王星
ボイジャー1号
パイオニア11号
土星
ボイジャー2号

ボイジャー1号
パイオニア11号
パイオニア10号
ニューホライズンズ
ボイジャー2号

パイオニア10号（想像図）。©NASA

金星　地球
木星　土星
天王星　海王星
©NASA/JPL

上の図は、探査機パイオニア10号（1972年）、11号（1973年）、ボイジャー1号・2号（1977年）、ニューホライズンズが現在までに飛行した道すじを表す。（）内の年数は打ち上げられた年。
右上の写真は、1990年にボイジャー1号が撮影した太陽系惑星。ボイジャー1号は現在、もっとも地球から遠く離れた場所にある人工物だ。しかし、ようやく太陽系のはしにたどりついた程度だ。さらに、ニューホライズンズ（2006年）も、太陽系を飛び出そうとしている。2015年に冥王星をかすめながら探査し、2025年ごろに、太陽系の果ての別の天体を探査し、ボイジャーの倍の速度で太陽系を離脱する。

0章

TEXTBOOK FOR ASTRONOMY·SPACE TEST

～宇宙にのりだそう～

★ 宇宙へ飛び出す

ロケットは自分のもっている酸素を使って燃料を燃やし、できたガスを後ろに高速で噴き出した反動で前に進む。ロケットを地球のまわりを回る軌道にのせるためには、秒速 7.9km（時速 2 万 8440km）の速度が必要だ。また、地球の引力を脱出して月や惑星に向かうには秒速 11.2km（時速 4 万 320km）の速度が必要となる。ロケットが打ち上げられてから宇宙に着くまでの時間は 10 分程度だ。近年は有人宇宙船の開発に成功したアメリカのスペース X 社に代表されるように民間企業によるロケット開発が活発になっている。

バイコヌール宇宙基地から打ち上げられるソユーズロケット。宇宙飛行士を乗せ、国際宇宙ステーション（ISS）へ向かう。©NASA/Joel Kowsky

打ち上げられたソユーズロケットの長時間露光写真 ©NASA/Bill Ingalls

ソユーズロケットは全長約50ｍ、重さ305トンの3段式。組み立て工場から約7km離れた発射場まで、横倒しの状態で鉄道輸送される。©NASA/Bill Ingalls

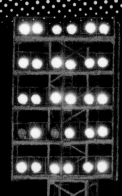

400km	国際宇宙ステーション
	オーロラ
100km	流れ星
50km	オゾン層
10km	積乱雲　飛行機

宇宙と地球のはっきりとした境界はない。一般的には、地表から高度100km以上が「宇宙」といわれる。地表を離れて上空へ行くほど、空気はうすくなる。高度100kmでは、空気もほとんどない真空の世界だ。

1 宇宙を旅する

宇宙はとほうもなく広いので、私たちが日常生活で使う距離や速度の単位では数字が大きくなりすぎる。距離・速度・時間についておさらいしておこう。

1 いろいろなスピード

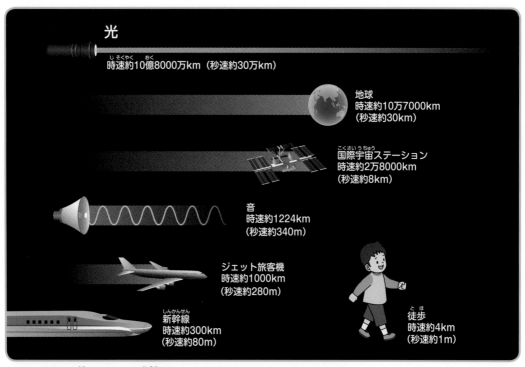

図表 0-1 速さを比べてみよう。時速とは1時間にどれだけ進めるかを表した速さ。

　人間が歩く速度は1時間に約4km。1秒間では約1m進む。新幹線は1秒間に約80m進むので秒速80m。地球のまわりを回っている国際宇宙ステーションは秒速8km。もっとも速いのは光で、秒速30万km。単位の違いに気をつけて速度を比べてみよう。ちなみに光の速度は光速、音の速度は音速といい、音速はマッハという単位で表すこともある（マッハ1が音速、マッハ2は音速の2倍）。

② 光の速さで旅をすると…?

　まずはここで大事な単位を学んでおこう。それは**光年**という距離を表す単位だ。宇宙は広大なので、距離を測るためには、私たちがふだん使っている km（キロメートル）などの単位では数字が大きくなりすぎてしまう。そこで登場するのが光だ。ピカっといっしゅんで輝く光も速さをもっている。その速さは秒速約 30 万 km。光の速さなら、月まで 1 秒ちょっと、太陽でも 8 分で着いてしまう。この光の速さで 1 年かけて進む距離を 1 光年と呼ぶ。1 光年は 9 兆 4600 億 km ほどとなり、100 光年ならば光の速さで 100 年かかる距離なので 946 兆 km ほどになる。

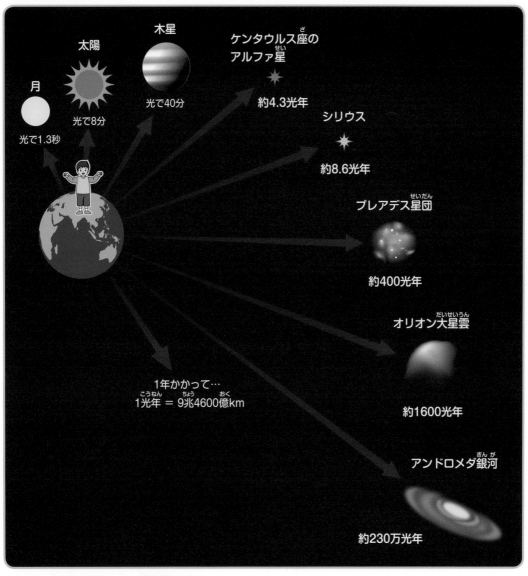

図表 0-2　光の速さでどのくらい時間がかかる?

2 宇宙船地球号の旅

私たちは地球に住んでいて、1日のうちに宇宙のあちこちを見ることができる。昼間は太陽が見え、夜は星が見える。そして、地球が自転すると、見える宇宙の景色が変わっていく。どんな風に変わるのかみていこう。

図表 0-3
地球の自転と日本あたりから見える夏の太陽の動きの関係。地球は1時間に15°の割合で自転している。1日は24時間なので、15°×24時間＝360°（1回転）となる。
© SPL/PPS

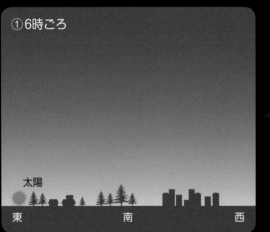

①6時ごろ

太陽

東　　　南　　　西

②10時ごろ

太陽

東　　　南　　　西

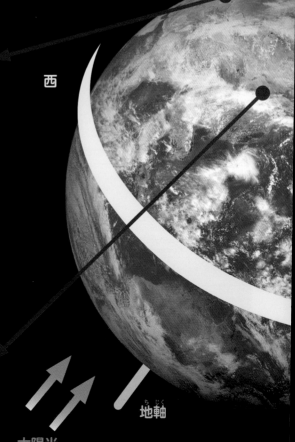

西

地軸

太陽光

　これまでの生活の中で朝と昼と夕方で太陽の位置が変わることは経験からわかるだろう。日本から見ると太陽は東からのぼり（朝）、南の空高くを通って（昼）、西へしずんでいく（夕方）。

　ところが、これは見かけの動きであって、実際には太陽が動いているのではなくて、地球の方が動いているのだ。かんたんな例をあげよう。電車や自動車から見える景色が進む方向と逆方向に過ぎ去っていくように見えることがあるだろう。動いているのは自分の方なのに、止まっているまわりの景色の方が動いているように感じるという一種の錯覚だ。

　太陽が動いているように見えるのもこれと同じことで、地球が動くことで本来動いていない太陽が動いているように見えているのだ。地球は北極と南極を軸にして1日1回転、西から東に回っている。このように天体自身が回転することを自転といい、地軸は、地球の自転の回転軸（自転軸）のことだ。

東

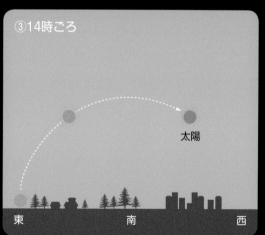

③14時ごろ

太陽

東　　　南　　　西

④18時ごろ

太陽

東　　　南　　　西

© SPL/PPS

3 宇宙にはどんな星がある?

宇宙を見わたして見える星には、いろいろな種類がある。どんな種類があるのか、主なものを整理しておこう。天文学では観測や研究の対象となるものを天体と呼ぶ。

1 恒星

空に見えるほとんどの星は**恒星**だ。恒星は他の星に照らされなくても、自ら光り輝く星である。また、恒星は夜空で星座を形づくる星でもある。恒星どうしの位置関係は変わらないので、大昔の星座が現代にも伝えられているのである。「恒」とは「いつもかわらない」という意味だ。

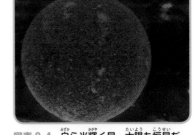

図表 0-4 自ら光輝く星、太陽も恒星だ。

恒星は、宇宙をただよう気体(ガス)が集まったものだ。その成分は、主に水素とヘリウムである。また、恒星はとても巨大だ。代表的な恒星である太陽の体積は、地球の 130 万倍もある。恒星が光るのは、星自身がすごく熱いからだ(☞ 44 ページ)。

2 惑星

惑星は自分で光を出さず、恒星のまわりを回っている星だ。太陽のまわりは 8 つの惑星が回っており、地球もそのうちのひとつである。昔の人びとは、星ぼしの間を「惑う」ように動くため惑星と呼んだ。地球が惑星であることは、あとからわかったことだ。夜空で惑星が輝くのは、太陽の光を反射しているためだ(☞ 122 ページ)。また、

図表 0-5 地球は惑星

衛星は月のように惑星などのまわりを回る天体のことだ。

3 彗星

ほぼ円をえがいて太陽のまわりを回る惑星と異なり、細長いだ円をえがいて回っている星が**彗星**だ。氷やチリが固まったもので、数十年から数百年に一度、太陽に近づく。なかにはそのままとけて消えたり、宇宙のかなたへ飛び去るものもある。長い尾を引く姿がほうきに似ているためほうき星とも呼ばれる。**流れ星**（☞ 66 ページ）とは別のものだ。

図表 0-6　彗星には発見・報告の早い順に 3 人まで発見した人や観測所などの名前が付けられる。©A. Dimai and D. Ghirardo, (Col Druscie Obs.), AAC

4 小惑星

小惑星は、太陽のまわりを回る天体で、大きさは小さな岩ほどのものから数百 km のものまであり、形もさまざまである。日本の小惑星探査機「はやぶさ」は、小惑星イトカワから砂つぶを回収して 2010 年に地球に帰還した（☞ 49 ページ）。2014 年に打ち上げられた「はやぶさ 2」は、2018 年 6 月に小惑星リュウグウに到着し、2019 年に探査を終え、2020 年末に地球に帰還する予定である。

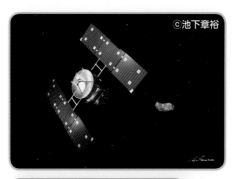

図表 0-7　小惑星イトカワに接近する「はやぶさ」の想像図（左上）と「はやぶさ」が撮影した小惑星イトカワ（左下）。地球を旅立つ「はやぶさ 2」の想像図（右上）と撮影されたリュウグウ（右下）。

▶▶▶ 天球について

　広い野原で星空を見上げる自分自身を想像してみよう。あなたを中心にした半球の
ドームがイメージできるだろうか。プラネタリウムで、星や月や太陽が投影されるドー
ムのような想像上の球体を**天球**と呼ぶ。

　天球は地球を囲む想像上の大きな丸い球体である（下図）。頭上にまっすぐのばし
た線が天球面と交わる点を**天頂**、真下にのばした線が天球面と交わる点を**天底**という。

　地軸（☞図表 0-3）を北極からまっすぐのばして天球と交わる点は、**天の北極**、南
極側を**天の南極**という。天球がクルクル回っていると考えると星の動きが説明できる。
日本のある北半球からは、天の南極は見ることはできない。

　天球上で赤道の上にあたるラインは**天の赤道**という。天球を模型にしたものを、天
球儀という。天球儀には星座がえがかれることが多いが、天を外から見たということ
で、裏返しになっている場合もある。

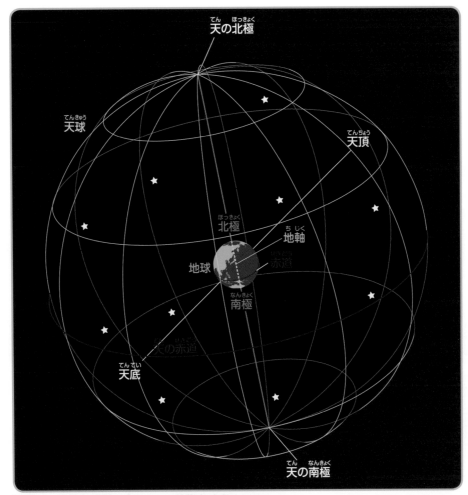

天球とは、観測者（地球）を中心とする想像上の巨大な球体だ

A1　② km

解説▶▶▶光年とは、光が1年間に進む距離を表す単位。1光年は約9兆4600億kmである。①は量を、③は温度を、④は質量を表す単位だ。

A2　② 日本

解説▶▶▶現在、宇宙服をもっているのは、アメリカ、ロシア、中国のみである。

A3　④ 1億5000万km

解説▶▶▶「距離＝速さ×時間」で求めることができる。8分＝60秒×8＝480秒。30万km×480秒＝1億4400万km。
太陽と地球の距離は、およそ1億5000万kmだと覚えておくとよい。

A4　② 100km

解説▶▶▶高度何kmから宇宙と呼ぶか、明確に決まっているわけではない。一般的に、空気がほとんどなくなる100kmからを宇宙と呼んでいる

A5　① 他の星に照らされ光り輝く

解説▶▶▶恒星は他の星に照らされなくても、自ら光り輝く星である。空に見えるほとんどの星は恒星だ。恒星どうしの位置関係は変わらず、星座を形づくる。他に、③、④のような特徴がある。太陽も恒星だが、星座に属さない。

A6　④ 他の太陽系の中を通過する確率は1000年に1度くらいである

解説▶▶▶ボイジャー1号や2号が他の太陽系の中を通過する確率は1億年に1度くらいと考えられている。すこしさみしい気もする。

1章

TEXTBOOK FOR ASTRONOMY-SPACE TEST

～月と地球～

★ 月面着陸から半世紀

1969年7月20日、アメリカ航空宇宙局（NASA）のアポロ11号が月面着陸を成功させて、人類は初めて「月」に降り立った。宇宙は人体には過酷な空間だ。宇宙船の外で着る宇宙服には、真空状態、熱環境、宇宙塵などから身体を守ったり、体温を保ったりするなどの機能がある。また、酸素を供給して、体から出る熱や二酸化炭素を除去する生命維持装置や、音のない宇宙で欠かせない通信機能もある。

私たちは1気圧の空気がある中で生きているが、ほぼ真空状態の宇宙で宇宙服の中を1気圧にすると、宇宙服がパンパンにふくれ上がって身動きできなくなってしまう。そのため宇宙服の中は0.3気圧ほどにして動きやすさを確保している。

月面を歩くオルドリン宇宙飛行士。ヘルメットのバイザーにこの写真を撮影したアームストロング船長の姿が映っている ©NASA

アポロ11号の宇宙船からの眺め。月の地平線の上に地球が上昇している ©NASA

アポロ11号の月探査船からはしごをつたって降りるオルドリン宇宙飛行士。この後、1972年のアポロ17号で計画を終えるまでに12人の宇宙飛行士が月に着陸した。 ©NASA

月面に刻まれた足跡。人類で初めて月面に降り立ったアームストロング船長は「ひとりの人間にとっては小さな一歩だが、人類にとっては偉大な飛躍だ」と言葉を残した。
©NASA

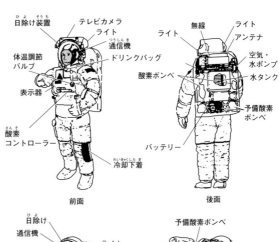

日除け装置　テレビカメラ
ライト
体温調節
バルブ
通信機
ドリンクバッグ
表示器
酸素
コントローラー
冷却下着
前面

無線　ライト
ライト　アンテナ
空気・
水ポンプ
酸素ボンベ
水タンク
予備酸素
ボンベ
バッテリー
後面

日除け
通信機
表示
パネル
コントロール
命綱
電源
コネクタ
緊急酸素
チューブ
ライト
前面

予備酸素ボンベ
飲料水
タンク
冷却装置
除湿機
酸素ボンベ
電池
冷却下着
無線機
後面

現在、宇宙服を保有しているのは、アメリカ、ロシア、中国のみである。国際宇宙ステーションで使われる船外活動用宇宙服には、アメリカ製（上）とロシア製（下）がある。

1 月の満ち欠けはなぜ起こる?

月は、三日月、半月、満月など形が変化して見える。これを月の満ち欠けという。なぜ満ち欠けが起こるのか理解しよう。

1 月の自転と公転

月は地球の衛星である。月は地球に引っ張られ、地球のまわりを回っている。これを公転という。そして、月自身も回転している。これを自転という。月の自転と公転にかかる時間はぴったり同じなので、いつも同じ面が地球に向き、月の裏側は見えない。

図表 1-1 月の自転と公転の動き

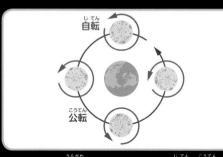

図表 1-2 月の裏側が見えないのは、月の自転と公転がぴったり同じ時間(27.3日)だから。

2 月の満ち欠け

月は球体(ボールの形)をしている。月が輝いて見えるのはこの球体に太陽が放つ光が当たっているからだ。暗い部屋で一方からボールに光を当てているようすをイメージすればいいだろう。太陽は遠くにあるため、月がどこにあってもいつも球体の半分に光が当たっていることになる(図1-3)。

では、なぜ地球から見た月の形は変化していくのだろう。それは、光が当たっている部分を見る角度が変わるからだ。光が当たっている部分を真正面から見れば満月、反対側から見れば新月、真横から見れば半月ということになる。

昼ごろ東の空にのぼって
くる。太陽がしずむころ
に南の空高くに位置する。

上弦の月

昼間は太陽の東側にある。
太陽がしずんだあと、西
の空に輝く。

太陽からの光

月の公転

夜　地球　昼

満月

太陽がしずむこ
ろ東の空にの
ぼって、真夜中に
南の空に輝く。日
の出のころ西の
空にしずむ。

新月

地球から見え
る月面に太陽
の光があたら
ないので月は
見えない。

下弦の月

真夜中ごろに東の空にのぼり、
日の出のころに南の空に位置す
る。午前中には西の空に見える。

図表 1-3　月の位置と地球から見た形。
　　　　　半月とは上弦の月、下弦の月の別の呼び名

新月（月齢 0）

昼間、太陽とともにのぼり、夕方
しずむので見えない。

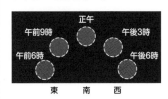
東　南　西

三日月（月齢 2 ～ 3）

夕方南西の空に見え、午後 9 時こ
ろに西にしずむ。

東　南　西

上弦の月（月齢 7：右半分が光る）

夕方、南の空に見え、真夜中に西
にしずむ。

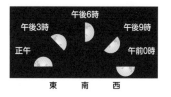
東　南　西

満月（月齢 14 ～ 15）

夕方に東からのぼり、朝に西の空
にしずむ。

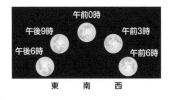
東　南　西

下弦の月（月齢 22：左半分が光る）

真夜中に東からのぼり、朝に南の
空に見え、昼に西にしずむ。

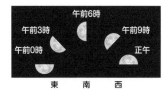
東　南　西

月齢とは…

月齢は新月からの経過日数のこ
と。新月の瞬間が 0。そこから 1
日間＝ 24 時間で 1 あがる。新月
から新月の間は、平均して 29.5
日。それより、少し延びることが
あるが、30 にはならず、また新
月になって 0 に戻る。

図表 1-4　月の形によって見える方向と時刻

2 月の表情
ひょうじょう

月は地球からもっとも近い天体だ。その表面のようすは、
双眼鏡や入門用の望遠鏡でもじゅうぶんに観察できる。

1 すがおはデコボコ

　図表1-5を見てもわかるように、月の表面はつるつるではない。クレーターという
円い形をしたへこみや、うさぎがもちつきをしているようにも見える黒っぽい「海」
と呼ばれる部分がある。クレーターのほとんどは数億〜数十億年前にいん石が衝突し
てできたもので、月には地球と違って水も空気もないために風化されずにそのまま
残っているのだ。海は月の内部にある黒い岩石が過去に溶けてあふれ出してきたもの
で、海と呼ばれているが地球のように水があるわけではない。

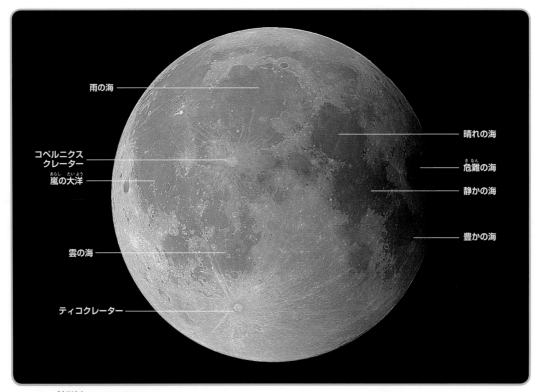

図表1-5　双眼鏡でわかる月の地名。

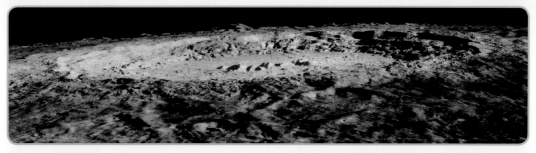

図表 1-6　直径約 93km、深さ約 3.8km のコペルニクスクレーター。中央に小さな山があるのがわかる。　©NASA

うさぎの
もちつき

ほえる
ライオン

ハサミが
ひとつのかに

女の人の
横顔

本を読む
おばあさん

木を
かつぐ人

図表 1-7　月の模様は世界中でいろいろに見たてられてきた。日本ではうさぎがもちをついている模様だと言われている。

② 暑い昼、寒い夜

　地球は大気（空気の層）のおかげで気温の変化はゆるやかだが、月ではうすい大気しかない。そのために太陽の光が当たっている昼間の月面の温度は最高で約 110℃、太陽の光が当たらない夜の月面の温度は最低で約マイナス 170℃と、その差は 300℃近くにもなる。また、月は約 27.3 日かけて自転していて、これに地球と月がいっしょに太陽を公転することを考えると、月の一昼夜は 29.5 日ほどになる。そのため、暑い昼と寒い夜がそれぞれ 15 日間ずつ続くことになる。

　もう 1 つ月面で起こるおもしろい現象を紹介しよう。それは、月面では体重が約 6 分の 1 になることだ。つまり、地球で体重 30kg の人が月面で体重計に乗ると 5kg しかない。これは月の重力が地球の約 6 分の 1 しかないために、すべての物の重さは地球上のおよそ 6 分の 1 になってしまうのである。

月面では重力が
約6分の1になる

図表 1-8　アポロ計画のときには、地上で 82kg の宇宙服が、月面では 14kg ほどになった。

3 月の正体

月は地球からどのくらい離れているのだろう。月の大きさは、地球と比べるとどのくらいだろう？

1 月までの距離

月は地球のもっとも近くにある天体だ。しかし、月までの平均距離は約38万km。初めて人類を月まで運んだアポロ11号は、地球を出発してから4日ほどかかって月に到着している。ちなみに、**国際宇宙ステーション（ISS）**が飛んでいるのは、地上から400km上空だ。

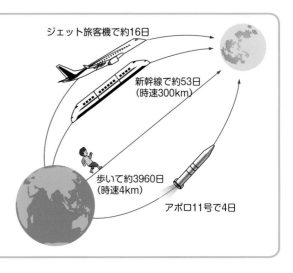

月まで38万km、おおざっぱにいえば40万kmだ。どれくらい歩けばいいか考えてみよう。
人間は1時間に4km、休まず眠らず歩き続けたとして1日に96km、ざっと100km歩ける。10日で1000km、100日で1万km、1年365日だと4万kmくらいになる。
月まで40万kmなので、割り算をすると10年かかるのだ！
新幹線だとどうだろう。時速300kmなので、人間の70倍も速い。それでも、2カ月近くかかる。時速約1000kmのジェット旅客機なら16日ほどかかる。

ジェット旅客機で約16日

新幹線で約53日
（時速300km）

歩いて約3960日
（時速4km）

アポロ11号で4日

図表 1-9　月までどのくらい？

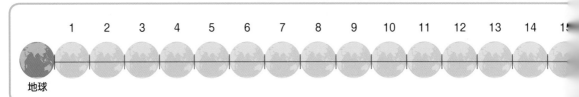

地球　1　2　3　4　5　6　7　8　9　10　11　12　13　14　15

図表 1-10　地球と月の間の平均距離は約38万km。地球の直径は約1万2700kmなので、およそ地球30個分離れている。

② 月の大きさと内部構造

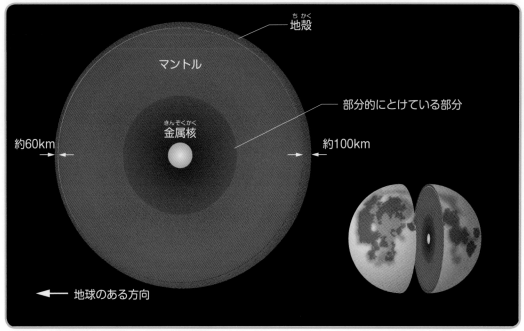

図表 1-11　月面探査から推測される月の内部構造。

地殻
マントル
部分的にとけている部分
金属核
約60km
約100km
地球のある方向

月の直径は地球の約4分の1の3500kmほどだ。北海道から沖縄西表島までが3000kmなので、それよりちょっと長いくらいだ。

月の体積は地球の50分の1だが、重さは80分の1しかない。つまり密度が低い。これは、地球に比べて鉄などの重い金属成分が少ないためだ。月は中心には金属の核があり、そのまわりを岩石が取りまいている。月面と同質の岩石の層は、地球に近い側では深さ60km、遠い側では100kmまである。表と裏で均一でないのも月の特徴だ。

図表 1-12　月の大きさは地球の大きさの約4分の1。地球の直径は約1万2700km、月の直径は約3500km。

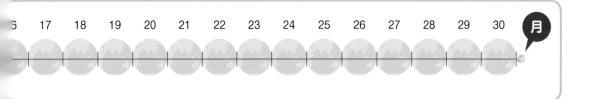

16　17　18　19　20　21　22　23　24　25　26　27　28　29　30　月

4 月がもたらす 潮の干満

> 月や太陽の引力によって1日2回、海面が上下することを潮の干満という。海面がもっとも下がった状態を干潮、もっとも上がった状態を満潮という。

1 潮の干満

月は地球に引っ張られて地球のまわりを回っているが、地球も月に引っ張られている。海が満潮や干潮になる潮の干満は、月の引力が海水を引っ張ることで発生する。月の引力は、月に近い場所ほど強くなるため、月に近い側の海水は引っ張られて満潮となる。月と反対側の海水は取り残され満潮となり、二つの満潮の間では海面が下がって干潮となる。

月・地球・太陽が一直線にならぶ満月や新月のころには、月の引力に太陽の引力も加わって、潮の干満の差が大きくなる。これを大潮と呼ぶ。一方、月が半月になるときには、小潮と呼ばれる干満差の小さな状態になる。

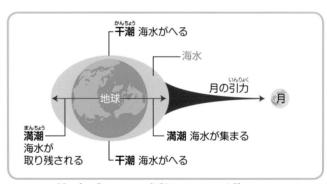

図表 1-13 潮の満ち干のしくみ。実際には、海水の移動に時間がかかり、月が真上に来ているのに、干潮となる場所もある。

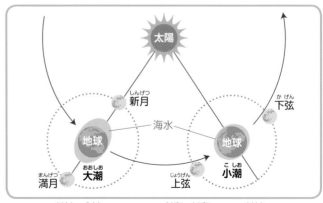

図表 1-14 大潮・小潮になるしくみ。満月と新月のときが大潮になる。

⊳⊳⊳ いざ、月へ

　初めに月の探査を成功させたのは、ソ連（現在のロシア）のルナという探査機。ルナは1号から24号まであり、1959年、ルナ2号が初めて月面に到着（月面に衝突）。ルナ3号は月の裏側の写真を撮ることに成功した。1966年にはルナ9号が初めて月面に安全に着陸した。ルナ10号は月のまわりをぐるぐると回ることに成功した。

　1969年7月、アメリカのアポロ11号によって人類は月面に降り立つことに成功した。アポロ計画は、その後も1972年のアポロ17号まで続けられた。その間に、有人月面着陸は計6回成功し、合計12人の宇宙飛行士が月面に降り立っている。

　その後、およそ20年間は月の探査は活発におこなわれることはなかった。しかし、21世紀に入ってから、ヨーロッパや日本、中国、インドが再び月の探査に乗り出した。とくに、2007年に日本が打ち上げた「かぐや」は、これまで以上にくわしい月の地形や月の地下のようすを明らかにした。また、月には1年中太陽の光が当たる場所は存在しないこと、月の裏側では考えられていたよりも最近の約25億年前まで火山活動があったことなど、たくさんの新たな発見をした。2019年には中国の月探査機「嫦娥4号」が史上初めて月の裏側への着陸に成功している。

　こうした探査は、科学的な意味だけでなく、将来、人類が月に移り住んだり、月の資源を利用したりするときに、たいへん重要になってくるだろう。

月面はさみしい世界だった　©NASA

▶▶▶ 月と日本人

　「十五夜の月」という言葉は、日本では大昔からあり、平安時代にはすでに月を見て楽しむという風習があったようだ。日本人は月を「楽しむもの」として見てきたのだ。

　満月のことを昔の人々は「望月」と呼んだ。「望む月」、つまり人びとは月がまん丸になる日を待ち望んでいたのだろう。その前夜のことは「小望月」といって、前日にまで名前をつけてしまうほど楽しみにしていたのかもしれない。

　十五夜の1日後、「十六夜」は「いざよい」と読む。「いざよう」とは「ためらう」という意味で、満月よりも遅い時刻にのぼってくる月が、昔の人びとにはまるでためらっているように思えたのだろうか。

　続いて十七夜の月は「立待月」、「十八夜」の月は「居待月」、「十九夜」の月は「寝待月」、「二十夜」の月は「更待月」と呼んでいた。

　毎日少しずつのぼってくる時刻が遅くなる月を、平安時代の貴族たちがどのように待っていたのかがよくわかる名前である。

　このように、日本人は大昔から月を生活や文化のひとつとして取り入れ、親しみをもってつきあってきたのだ。そのため、月は、昔からたくさんの歌によまれてきた。

　百人一首では、12首の歌に月がよまれている。阿倍仲麻呂が故郷を遠く離れた唐（中国）で、月を見ながら故郷を思い出す歌は有名だ。

　「天の原　ふりさけ見れば春日なる　三笠の山に出でし月かも」

　大空を仰ぎ見ると月が出ている。昔、奈良の春日の三笠山からのぼるのを眺めた月と同じ月なのだなぁ、という意味だ。仲麻呂が日本に帰国する願いはかなわなかった。

日本でもっとも古い物語とされるのは、『竹取物語』、別名かぐや姫だ。このお話では月には地球よりすぐれた人が住んでいることになっていた。月について、昔の人がどう考えていたのかがうかがえるお話である。

Q1 チェック

日の出の頃、南の空に月が見えた。月はどのように見えたか。

① ② ③ ④

Q2 チェック

5月1日は満月だった。次の満月はいつか。

① 5月7日ころ　② 5月15日ころ
③ 5月22日ころ　④ 5月30日ころ

Q3 チェック

月を見ると海と呼ばれる暗い模様が見える。なぜ暗く見えるのか、正しいものはどれか。

①地球の海と同じく水がたまっているので、暗く見える
②黒っぽい岩石（玄武岩）でできているので、暗く見える
③ジャングルになっていて、木がたくさん生えているので暗く見える
④地球の影が映っているので暗く見える

Q4 チェック

初めて月に探査機を送った国はどこか。

①アメリカ　②ソ連（現在のロシア）　③日本　④中国

Q5 チェック

大潮の説明で、正しいものを選べ。
①大潮は、月の海で見られる現象。
②大潮は、月と太陽が一直線に並んだときの、潮の干満の差が大きいようす。
③大潮は、月と太陽が90°離れたときの、潮の干満の差が大きいようす。
④大潮の時は、いつも半月が見える。

Q6 チェック

1969年にアメリカが打ち上げたアポロ11号は月に着陸した。打ち上げからどれぐらいで月に到着しただろうか？

①4日　②1週間　③1カ月　④4カ月

解答・解説はウラ

A1 ②

解説▸▸▸ ①は満月、②は下弦の月、③は上弦の月、④は月齢27前後の月である。日本では、朝方、南の空に月が見えるのは下弦の月のときである。

A2 ④ **5月30日ころ**

解説▸▸▸ 月の見た目の形はおよそ30日で元にもどる。だから、1カ「月」と、月の字が使われている。昔は月の満ち欠けで暦を作っていたので、1カ月に満月になるのは1度と決まっていた。しかし、今は太陽の動きで暦を作るため、月の満ち欠けがひとまわりするより長い1カ月となっている。そのため、1日に満月だと、30日ころに2度目の満月になる月もある。この月をブルームーンという。

A3 ② **黒っぽい岩石（玄武岩）でできているので、暗く見える**

解説▸▸▸ 月には、空気も水もない。海とはいっているが、実際には、黒っぽい玄武岩という岩や、玄武岩が砕かれた細かな砂のようなかけらなどが降り積もった砂漠のような平原である。

A4 ② **ソ連（現在のロシア）**

解説▸▸▸ 1959年にソ連（現在のロシア）が打ち上げたルナ2号は、初めて月に到着した探査機となった。月探査はアメリカとソ連が先を争っていたが、初めはつねにソ連がリードしていた。しかしその後、最初に人類を月に送り込んだのはアメリカだった。

A5 ② **大潮は、月と太陽が一直線に並んだときの、潮の干満の差が大きいようす。**

解説▸▸▸ 干潮と満潮は、主に月の引力で海水が移動することで起こる。そこに太陽が一直線に並び、太陽の引力が加わると、海水の移動がより強められ、干満の差が激しくなる。これを大潮という。③は、太陽の引力が海水の移動を妨げるようにはたらくので、干満の差が小さくなる。これを小潮という。小潮の時は、太陽と月が90°離れるので、上弦の月か、下弦の月が見られることになる。④は、小潮の時の現象である。

A6 ① **4日**

解説▸▸▸ アポロ11号はなんと4日で月に行ってしまった。1969年7月16日（アメリカ時間）に打ち上げられ、20日に到着。到着してからおよそ6時間後に、アームストロング船長が、月に降り立った。

2_章

TEXTBOOK FOR ASTRONOMY-SPACE TEST

〜太陽と地球〜

★ 国際宇宙ステーション

国際宇宙ステーション（ISS）は、地上約 400km 上空に建設された有人実験施設だ。1 周約 90 分というスピードで地球のまわりを回りながら、地球や天体の観測、宇宙だけの特殊な環境を利用したさまざまな研究・実験をおこなっている。乗組員の定員は 6 名。つねに宇宙飛行士が滞在しており、2020 年現在、アメリカ・ロシア・ヨーロッパ諸国・日本・カナダなど 15 カ国が協力して運営している。

ISS は 1998 年から 40 数回に分けて打ち上げられたパーツを宇宙空間で組み立てて、2011 年 7 月に完成した。20 年にわたり有人宇宙開発の最前線で活躍してきた ISS だが、いよいよ寿命が近づいてきた。廃棄の時期や方法など ISS の将来について考えるべき時期に来ている。

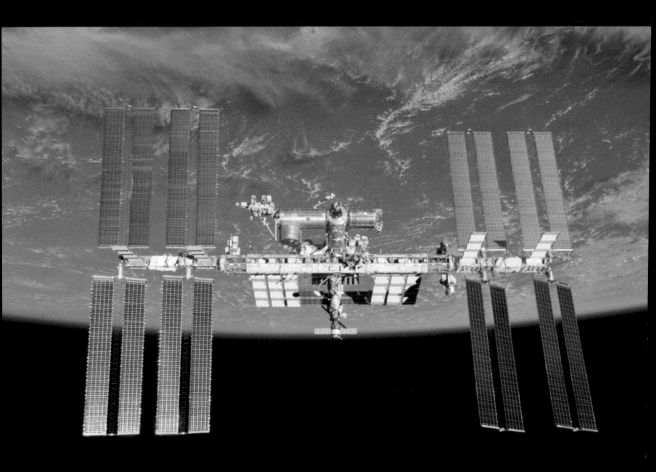

写真が逆さまに見えるだろうか。宇宙に上下の区別はない。ただし ISS の中では、視覚的に上下を決めて不便がないよう工夫している。©JAXA/NASA

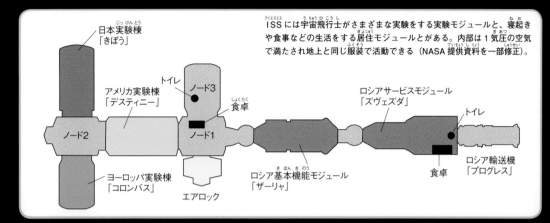

ISS には宇宙飛行士がさまざまな実験をする実験モジュールと、寝起きや食事などの生活をする居住モジュールとがある。内部は 1 気圧の空気で満たされ地上と同じ服装で活動できる（NASA 提供資料を一部修正）。

日本実験棟「きぼう」

アメリカ実験棟「デスティニー」

トイレ

ノード3

食卓

ノード2

ノード1

ロシアサービスモジュール「ズヴェズダ」

トイレ

ヨーロッパ実験棟「コロンバス」

エアロック

ロシア基本機能モジュール「ザーリャ」

食卓

ロシア輸送機「プログレス」

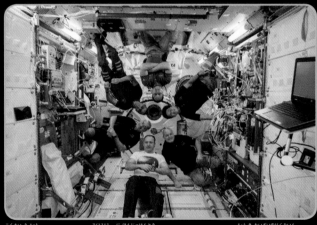

国際宇宙ステーション（ISS）日本実験棟「きぼう」内の第 54 期長期滞在乗組員 6 名。右上が金井宣茂宇宙飛行士（JAXA）。2018 年 2 月 18 日。©JAXA/NASA

ISS は条件があえば地上から肉眼でも見ることができる。上の写真中央の白い線は、明るい光の点となった ISS がスーッと空を移動していくようすをとらえた多くの写真を 1 枚に合成したもの（☞ 108 ページでくわしく解説）。

★ 宇宙ステーション補給機 こうのとり ★

©ESA/NASA

©ESA/NASA

「こうのとり」は宇宙航空研究開発機構（JAXA）が開発した無人の宇宙船だ。H-IIB ロケットにより打ち上げられ、食料・水・生活用品・実験装置など、最大 6 トンの補給物資を国際宇宙ステーション（ISS）まで運ぶ。補給が済むと用途を終えた実験機器や使用後の衣類やゴミを積み込み、大気圏に再突入して燃やす。2009 年に初めて打ち上げられた「こうのとり」は、2020 年 5 月に打ち上げた 9 号機が最後となる。培われた技術は宇宙航空研究開発機構（JAXA）が開発中の後継機「HTV-X」に引き継がれる。

太陽と季節

太陽は東からのぼり南を通り西へと沈む。太陽が真南に来る正午ごろに太陽の高さはもっとも高くなる。太陽の高さと季節変化の関係をみてみよう。

図表 2-1　地球の公転のようすと東京から見た正午の太陽の高さ

北半球が春（春分）の地球

公転

自転

北半球が
（夏至）の地球

太陽

北半球が秋（秋分）の地球

77.4°

北　南

夏（夏至）

1年で一番昼が長い夏至（6月21日ごろ）には、太陽の正午の高さが一年で一番高くなる。南半球は冬になる。

夏と冬では、同じ昼間でも太陽の高さがちがうし、昼の長さもちがう。これを説明するために、地球の1年間の動きを見てみよう。

図表2-1のように、地球は1年かけて太陽をめぐる公転をし、場所を変えていく。一方、地球は、太陽に対しななめにかたむいて1日1回の自転もしている。そのため、自転の軸が太陽の方にかたむく**夏至**に、太陽高度が高くなり、日が当たっている時間も長くなる。逆に自転の軸が太陽と反対方向にかたむく**冬至**は、太陽の高度が低く、日が当たっている時間も短くなる。

2章

太陽と地球

図表 2-2 図中に示した太陽の見える角度は、北緯36度（東京の緯度）での値。
© コーベットフォトエージェンシー／NAOKI UEHARA

**北半球が
冬（冬至）の地球**

春（春分）・秋（秋分）

春分（3月21日ごろ）と秋分（9月23日ごろ）には、昼と夜の長さがほぼ同じになり、太陽は夏至と冬至の中間までのぼる。
赤道では、正午の太陽は頭の真上（90°）を通る。

冬（冬至）

1年で一番夜が長い冬至（12月22日ごろ）には、太陽の正午の高さが一年で一番低くなる。南半球は夏になる。

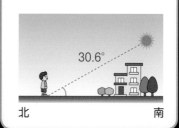

2章

② 太陽の表面

太陽を望遠鏡で観測すると、その表面にはいろいろな模様があり、さまざまな現象が起こっている。ときには、すさまじい爆発現象も起こっているのだ。

① 太陽の黒いしみ

太陽を天体望遠鏡で観察していると、表面にしみのような模様（図表2-3）が見られることがある。これは**黒点**と呼ばれるもので、太陽表面にはりついた模様などではなく、まわりよりも温度が低いために暗く見えている場所だ。なお、太陽の観察は、正しい知識をもっておこなわなければたいへん危険なので、注意が必要である（☞ 6章コラム 128 ページ）。

黒点は、とくに暗く見えるところと、そのまわりのやや暗く見えるところがある。それぞれ、暗部、半暗部という。また、黒点のまわりなどに明るく見える部分は白斑

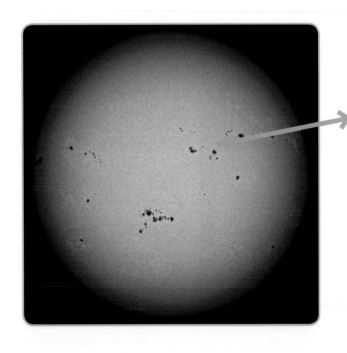

半暗部

暗部

図表 2-3
太陽表面にしみのように見える黒点
左：©Superstock/PPS、
上：©SPL/PPS

という。白斑だけが見えることもある。

　黒点は形を変化させながら、消えたり現れたりする。太陽の表面がさかんに活動している証拠である。太陽の活動が活発なときに黒点は増える。

　太陽を数日間連続して撮った写真（図表2-4）を見ると、黒点が東から西に移動しているのがわかる。これは太陽が自転しているためだ。

　太陽はガスのかたまりなので、場所によって自転速度が違う。赤道付近では約25日で一回転するが、太陽の北極・南極近くでは30日あまりである。ちなみに、地球から観測すると、太陽の赤道付近が27日で一回転しているように見える。これは地球が公転しているためだ。

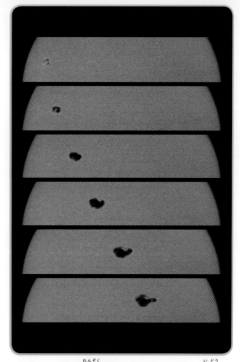

図表 2-4　太陽の連続写真。黒点が左から右へ移動しているのがわかる。
ⓒ Superstock/PPS

2　太陽表面の爆発現象

　特別なフィルターを通すと、太陽の縁や表面にもやもやした雲のようなプロミネンス（紅炎）が見える。光球（☞図表2-7）の上に浮かぶ雲のようなものだ。これは、皆既日食の時には、ピンク色に輝いて見える。また、時として、黒点やプロミネンスのあたりが非常に明るく輝くことがある。これはフレアといい、太陽の表面で爆発が起こったものだ。フレアは数分〜数時間輝いて消える。フレアは放射線を発生させるので人工衛星などの故障の原因になったり、宇宙飛行士の体に害をもたらしたりする。

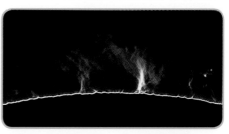

図表 2-5　プロミネンス　ⓒ Science Source/PPS

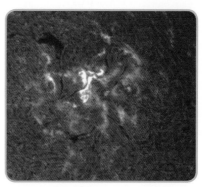

図表 2-6　明るい部分がフレア　ⓒ国立天文台

2章

3 太陽のすがお

太陽の正体は、ばく大なエネルギーを放出し続ける高温の
巨大なガス（気体）の球だ。その正体にせまろう！

1 太陽の大きさと構造

　太陽は高温なガス（気体）の球だ。表面の温度は約6000℃、中心は1400万℃ほど
にもなる。明るく輝く表面は光球という。気体なので固くはない。太陽に地面はない
のだ。光球の上空はコロナがおおっている。コロナと光球の間の彩層は、ピンク色に
輝き、特殊なフィルターを使うと見ることができる。

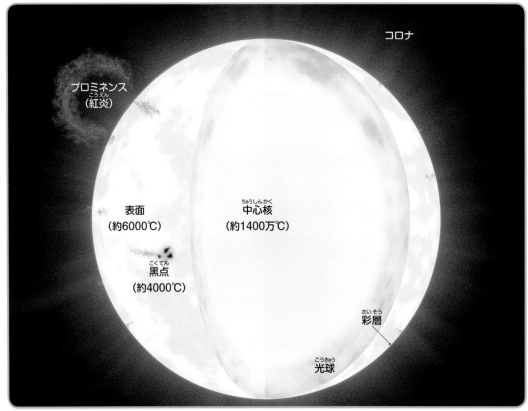

図表2-7　太陽の構造イメージ。実際とは異なるイメージ図。

太陽は「燃えて」はいない。中心で核融合反応が起こり、すさまじい熱が発生しているのだ。それが表面に伝わり、熱くなって光を出している。太陽は巨大なので中心の熱が表面に伝わるまで100万年もかかる。いま熱が発生しなくなったとしても、太陽はすぐには暗くならない。

太陽は非常に巨大だ。直径は約139万2000kmである。これは地球が109個ならぶ大きさであり、地球と月の平均距離の3倍以上におよぶ。時速1000kmの飛行機で太陽を一周すると180日ほどもかかる。太陽の体積は、地球の130万倍だが、質量は33万倍しかない。これは太陽がガス（気体）の球だからだ。それでも密度は水よりも大きい。ガス（気体）でもぎゅっと縮こまっているのだ。

太陽は、ばく大なエネルギーのほとんどを光と熱として放出している。約1億5000万km離れた地球でも、畳1枚あたり3000W近いエネルギーを受け取る。これは電気ストーブを3台をつけられるほどのエネルギーだ。

2 太陽風

太陽からやってくるのは光や熱だけではない、電気を帯びた原子や電子の風、**太陽風**も吹き出している。太陽風は3日ほどで地球に到達する。太陽風はフレアなどが原因でとても強く吹くことがある。そのときに地球で放送や通信の電波が乱れたり、人工衛星などが故障することもある。しかし、太陽風が地球に直接あたることはない。地球は巨大な磁石になっていて、磁力で太陽風をさえぎるからだ（図表2-8）。オーロラは、太陽風の影響で発生する。北極や南極の近くでよく見られるのは、他の場所では電子や原子が入りこめないからだ。

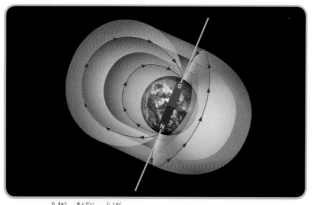

図表 2-8　地球は巨大な磁石

図表 2-9　オーロラ ©SPL/PPS

4 日食と月食の起こるわけ

天体の動きがつくり出す現象のなかには、まさに、奇跡と呼ぶしかない神秘的なものがたくさんある。ここでは、その奇跡の天体ショーのしくみを解き明かそう。

太陽

太陽・月・地球が一直線にならび、地球から見たときに、太陽を月がかくしてしまう現象を**日食**という。とくに完全に太陽をかくしてしまう場合を**皆既日食**、一部をかくす場合を**部分日食**という。

太陽と月と地球が一直線にならんでいても、おたがいの距離の関係で太陽が完全に月にかくされない場合がある。その場合はリングのように見えることから**金環日食**という。「環」は円形という意味がある。日食はめずらしい現象だと思われがちだが、毎年地球上のどこかでは見ることができる。日食は新月のときしか見られない。

太陽と地球と月が一直線にならんだとき、月は地球が宇宙空間につくるかげの中に入ってしまう。この現象を**月食**といい、月の一部が地球のかげに入るときを**部分月食**、月全体がすっぽりとかげに入るときを**皆既月食**という。月食は満月のときしか見られない。

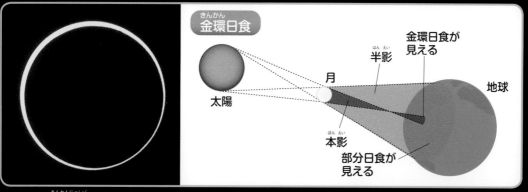

図表 2-10　金環日食のようすとそのしくみ　©渡部義弥

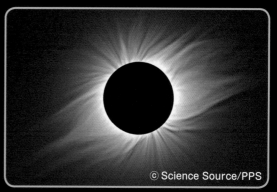

図表 2-11
皆既日食。ふだんは見えないコロナが白く輝いている。表面温度が6000℃の太陽から出ているのに、コロナの温度は100万℃以上もある。なぜ高温になるのかはなぞである。

© Science Source/PPS

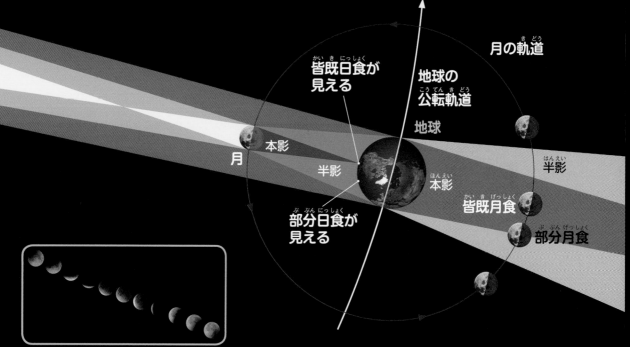

図表 2-13
月が地球のかげに入るところから出ていくところまでを連続して撮影。もっともかげに入りこんでいる中央の月が真っ黒でないのは、地球のまわりの大気が太陽光を散らして月を照らすためだ。色は夕焼けと同じ原理で赤くなる。© Alamy/PPS

図表 2-12　太陽・月・地球の順番で3つの天体がほぼ一直線にならぶと日食が起こる。なお「軌道」とは天体が運行する道すじのことだ。

▶▶▶ 太陽はなぜ輝くか？

太陽はとても明るい。そして熱い。この熱さと明るさは関係がある。太陽は熱いから光り輝くのだ。豆電球に電気を流すと、光を出すとともに熱くなる。熱いものは光を出す性質があるのだ。じつは、私たちの身体も 36℃くらいの体温があるから、輝いている。ただし、その光は赤外線といって、目には見えない光だ。温度が数百℃から数千℃と高くなると、目で見える光を出すようになるのだ。太陽の表面は 6000℃であることが知られている。

では、巨大な太陽が、どうしたらそんなに熱くなるのか？ それが、太陽がなぜ輝くか？ の答えになる。「太陽が燃えているから」と昔の人は考えた。ところが、太陽はたった１秒間に、世界人類が 100 万年間使えるだけのエネルギーを出しているのだ。太陽は地球の 130 万倍も巨大だが、全部石炭でできていたとしても、数百万年しかもたない。石油でもガスでもそれはたいして変わらない。地球が誕生してから 46 億年たっているといわれているし、少なくとも１億年前には恐竜がいたのだから、これはおかしいということになる。

そこで、科学者は太陽を熱くし続けるエネルギー源を考えたが、100 年前まで、まったく見当がつかなかった。ヒントが見つかったのは 20 世紀になってからだ。1905 年にアインシュタインは「相対性理論」を発表。その中で質量はエネルギーになるということがわかった。太陽の質量は地球の 33 万倍もあるので、計算してみると、太陽がその質量すべてをエネルギーに変えて消滅するなら、１兆年以上かかる。実際には太陽ぐらいの恒星は 100 億年くらいで輝きがなくなるとわかっているので、消滅せずにすむ。

この実際のしくみは、後に正体がわかり、**核融合反応**といわれるようになった。

Q1 チェック

太陽や星が動くのは、地球が自転しているからである。では、地球はどのように自転しているのだろうか。

①南 から北へ回っている　②東 から西へ回っている
③西から東 へ回っている　④北から南 へ回っている

Q2 チェック

皆既日食の時に太陽のまわりで白く輝いて見えるものは何と呼ばれているか？

①コロナ　②オーロラ　③プロミネンス　④フレア

© 大西浩次

Q3 チェック

日本で真昼に日なたに立ったとき、自分の影がもっとも短くなる日はいつか？

①春分の日　②夏至の日　③秋分の日　④冬至の日

Q4 チェック

国際宇宙ステーション（ISS）について正しく説明しているものはどれか。

①国際宇宙ステーションの名前は「きぼう」という
②最大16人の宇宙飛行士が滞在する
③国際宇宙ステーションにあるトイレでは、尿を他の使用済みの水などと一緒に浄化処理して再利用している
④国際宇宙ステーションの中でも普通の服で過ごしてはいけない

Q5 チェック

太陽風が原因として起こる現象でないものはどれか。

①大規模停電　②人工衛星の故障　③オーロラ　④たつまき

Q6 チェック

月食が見られるのは、次のどのときか。

①新月　②三日月　③上弦の月　④満月

解答・解説はウラ

A1 ③ 西から東へ回っている

解説 ▶▶▶ 太陽や星などの天体は、すべて東から西へ向かって移動して見える。しかし、太陽や星は、実際に動いているわけではない。それが東から西へ動いて見えるというのは、自分（地球）が西から東へ動いていることを意味する。

A2 ① コロナ

解説 ▶▶▶ 皆既日食の時、真珠色にあわくかがやく太陽の大気がコロナだ。同じく、皆既日食のとき、太陽の縁でかがやく光の柱がプロミネンス（紅炎）。

A3 ② 夏至の日

解説 ▶▶▶ 夏至の日の真昼は、太陽の位置がもっとも高くなる。高い角度から日光が差すので、影はもっとも短くなる。

A4 ③ 国際宇宙ステーションにあるトイレでは、尿を他の使用済みの水などと一緒に浄化処理して再利用している

解説 ▶▶▶ 「きぼう」は国際宇宙ステーションの一部の日本実験棟の名称。国際宇宙ステーションの最大滞在人数は6人。国際宇宙ステーションの生活空間は、地上と同じ気圧、温度、湿度、酸素濃度に保たれており、特別な宇宙服でなくとも過ごすことができる。

A5 ④ たつまき

解説 ▶▶▶ 太陽からは、電気を帯びた電子や原子の風、太陽風が噴き出している。それが原因で人工衛星が故障したり、地球では放送や通信の電波が乱れたり、大規模停電を引き起こすこともある。オーロラも太陽風によって引き起こされる現象である。

A6 ④ 満月

解説 ▶▶▶ 月食は必ず、太陽－地球－月の順で一直線にならんだ満月の日に起こる。しかし、月が地球のまわりを回っている軌道は少しかたむいているので、地球から見て太陽と反対側にきても、地球のかげの中には入らずに満月として見えることのほうが多い。

3章

TEXTBOOK FOR ASTRONOMY-SPACE TEST

〜太陽系の世界〜

★ 太陽系を探査する

地球を離れ、宇宙を旅する宇宙探査機。その目的は、惑星や衛星の大気や表面、内部の性質、磁場などの調査、太陽系の成り立ちの解明、そして地球外生命体の探査などさまざまだ。月探査機のように数日で目的地に到着するものもあれば、ボイジャーのように20年以上かかるものもある（☞6ページ）。

「はやぶさ2」は日本の宇宙航空研究開発機構（JAXA）が開発した小惑星探査機である。小

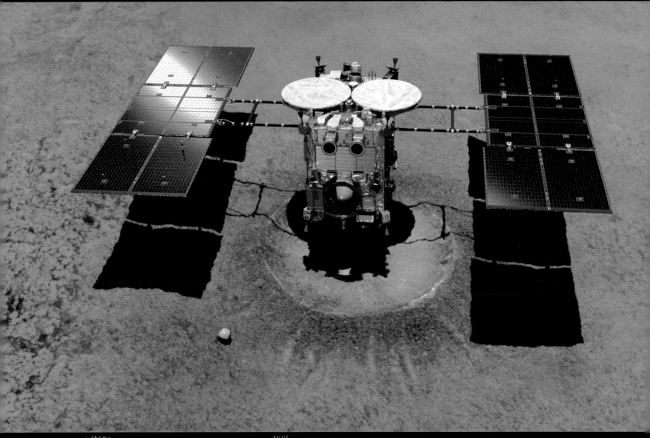

小惑星リュウグウの地表に人工クレーターを生成し着陸をおこなう「はやぶさ2」（イメージ図）。©JAXA

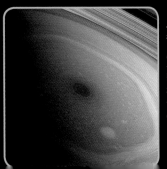

カッシーニが撮影した土星の北極。土星の北極には六角形構造の渦が見られ、土星の自転周期とほぼ同じ速度で回転している。画像の右下には第2の小さな渦が見えている。
©NASA/JPL-Caltech/SSI

カッシーニの観測によって、土星の氷衛星エンケラドスの地表面から海水が噴き出していることがわかった。エンケラドスの表面をおおう氷の下には海が広がっていると考えられ、その中に生命が存在する可能性が高まっている。
©NASA/JPL/Space Science Institute

惑星「リュウグウ」を探査し、小惑星の物質（サンプル）を採取して地球へ持ち帰ることが目的だ。すでにサンプル採取を成功させており、2020年末の地球帰還を目指している。

宇宙探査機は、私たちに未知の太陽系の姿を教えてくれる。火星にかつて水があった証拠や、小惑星がつねに衝突をくりかえした証拠などが見つかり、地球からの観測では得ることができない貴重なデータを研究者に届けている。

カッシーニは、アメリカ航空宇宙局（NASA）と欧州宇宙機関（ESA）が共同開発した土星探査機である。1997年に打ち上げ、2004年に土星軌道に到着、2017年の運用終了まで衛星や環をくわしく観測した。
©NASA/JPL-Caltech

着陸前に撮影されたイトカワ。イトカワ表面に投下された、署名入りターゲットマーカーと、「はやぶさ」自身の影が見える。
©ISAS/JAXA

日本の宇宙航空研究開発機構（JAXA）が2003年に打ち上げた小惑星探査機「はやぶさ」は、小惑星イトカワを探査し、2度の離着陸をして表面物質の採取を試みた。2010年6月13日、イトカワの微粒子を搭載したカプセルを地球に持ち帰ることに成功した。
© 池下章裕/MEF/JAXA・ISAS

2004年に打ち上げられた欧州宇宙機関（ESA）の彗星探査機ロゼッタは、65億kmを旅して2014年3月にチュリュモフ・ゲラシメンコ彗星に到着、着陸機フィラエを彗星表面に降下させ、彗星の周回軌道と表面で観測をした。2016年9月に任務終了。
©ESA/ATG medialab; Comet image: ESA/Rosetta/Navcam

アメリカ航空宇宙局（NASA）の火星探査車、キュリオシティ。火星上での生命活動の痕跡を探すことが目的で、火星表面の土と岩石をすくい取り、ドリルで削りだし、分析装置を使って土壌内部を解析する。
©NASA/JPL-Caltech/MSSS

① 太陽系の 天体たち

図表 3-1　太陽系の惑星たち

太陽

直径：139万2000km
質量：地球の33万倍
太陽の質量は太陽系
の全質量の約99%

木星

直径：14万2984km
質量：地球の318倍
木星の質量は他の太
陽系全惑星をすべて
あわせた倍以上

水星

直径：4879km
質量：地球の0.06倍
木星の衛星ガニメデ、
土星の衛星タイタン
より小さい惑星

金星

直径：1万2104km
質量：地球の0.8倍
地球から見ると、太
陽、月についで明る
い天体

地球

直径：1万2756km
質量：1倍
大気の20%は太古
の生物が光合成で
つくりだした酸素

火星

直径：6792km
質量：地球の0.1倍
重力が地球の約
40%しかないため
大気がうすい

彗星

主成分は氷やチリな
ど。地球から見ると、
ぼんやりとひろがった
感じに見え、時に、尾
を引いた姿でとどまっ
て見える(☞15ページ)

水星：5800万km
金星：1億820万km
地球：1億4960万km
火星：2億2790万km
木星：7億7830万km
土星：14億2670万km

土星

直径：12万536km
質量：地球の95倍
太陽系惑星でもっとも平均
密度が低くて水より軽い

天王星

直径：5万1118km
質量：地球の15倍
1781年、ウィリア
ム・ハーシェルが
観測によって発見

海王星

直径：4万9528km
質量：地球の17倍
1846年、ドイツの
ガレが発見

小惑星

岩石が主成分。球形のも
のは少なく、デコボコし
た丸みをもった不規則
な形をしている。大きく
ても直径数百kmほど。
火星と木星の間を公転
しているものが多い。

　水金地火木土天海。これは太陽に近い順番に水星・金
星・地球・火星・木星・土星・天王星・海王星という太
陽系の８つの惑星がならんでいる順番を表した言葉だ。

　太陽系とは、太陽と太陽のまわりを公転する惑星、小
惑星、彗星、細かな粒子などをふくむ領域をいう。下図
は太陽を中心に公転する８つの惑星が、太陽からどのく
らい離れているかを表したものだ。惑星の横の数字は太
陽からの平均距離を表す。

天王星：28億7070万km

海王星：44億9840万km

2 惑星ってどんな天体?

惑星探査機がとらえた個性豊かな8つの惑星の姿を見てみよう。

水星

大気組成
酸素：42%
ナトリウム：29%
水素：22%
大気は地球の1兆分の1とたいへんうすい

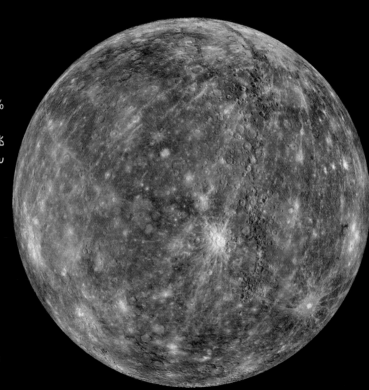

地表

マントル（ケイ酸塩）

核（鉄・ニッケル）

© NASA/Johns Hopkins University Applied Physics Laboratory/Carnegie Institution of Washington

　水星は太陽系のいちばん内側を回っている。大気がほとんどないため、大昔にできたクレーターがたくさん残っている。大きさは月と火星の中間くらいで、8つの惑星のなかでもっとも小さい。夕方の西の空と日の出のころの東の空で見られるが、見つけにくい（☞6章5節）。この画像は、アメリカのメッセンジャー探査機が撮ったもので、コンピュータによって地表の成分の違いを強調しているので実際に見える色とは異なる。

金星
きんせい

大気組成
たいきそせい
二酸化炭素：96%
にさんかたんそ

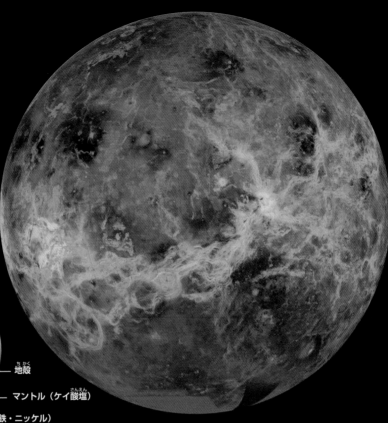

厚い雲でおおわれ地表
あつ
は全く見えない

地殻
ちかく

マントル（ケイ酸塩）
さんえん

核（鉄・ニッケル）
かく

© NASA

　地球のすぐ内側を回っている金星は、とても厚い大気でおおわれていて天気はいつもくもり。写真は探査機マゼランがレーダー電波を使って撮影した厚い雲の下の地表のようす。山脈や火山らしいものなど、さまざまな地形がわかる。大気は96%が二酸化炭素で、強烈な温室効果で熱が宇宙に逃げにくいため、地表は昼も夜も460℃の高温である。金星には、宵の明星、明けの明星という別名がある（☞6章5節②）。

豆まめ辞典 金星も満ち欠けする！
じてん きんせい

　金星を天体望遠鏡で拡大すると、月のように三日月型や半月型に見えることがある。地球の近くでは大きく見えるが太陽の光が当たって輝く部分が少なく三日月型に見える。遠くにあるときには小さく見えるが円に近い形にみえる。

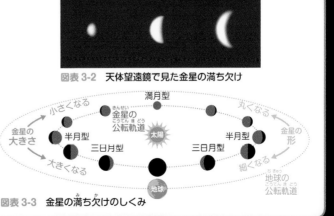

図表 3-2　天体望遠鏡で見た金星の満ち欠け

満月型

小さくなる　　丸くなる

金星の
公転軌道
きんせい こうてんきどう

金星の
大きさ

太陽

金星の
形

半月型　　　　　　　　　半月型

大きくなる　　細くなる

三日月型　　　　三日月型

地球の
公転軌道
ちきゅう こうてんきどう

地球

図表 3-3　金星の満ち欠けのしくみ

地球

大気組成
ちっ素：80%
酸素：20%

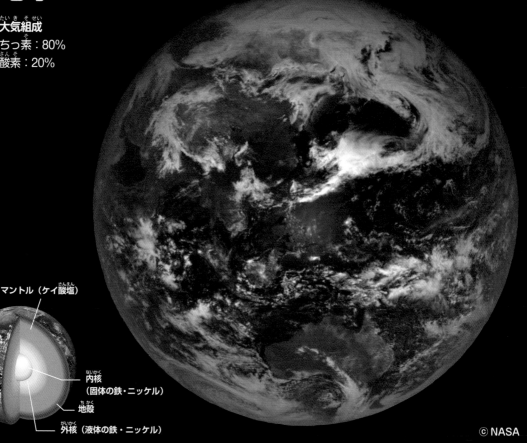

マントル（ケイ酸塩）

内核
（固体の鉄・ニッケル）

地殻

外核（液体の鉄・ニッケル）

© NASA

　わたしたちの住む地球は、太陽系でただひとつ、表面に液体の海をもつ惑星だ。表面のおよそ70%が海でおおわれており、生命にあふれている。

　写真の白い部分の多くは地球大気の雲だが、上部は氷でおおわれた北極である。雲や氷は太陽の光を反射するので、雲や氷の領域が増えると地球は寒くなる。

図表 3-4　プレートとは地球表面をおおう厚さ100kmほどの板状の岩石。地球表面に十数枚ある。プレートはゆっくりと流れるマントルに乗って年に数cm移動する。境界部分では火山活動や地震などが発生する。

火星
（かせい）

大気組成
（たいきそせい）
二酸化炭素：96%
（にさんかたんそ）

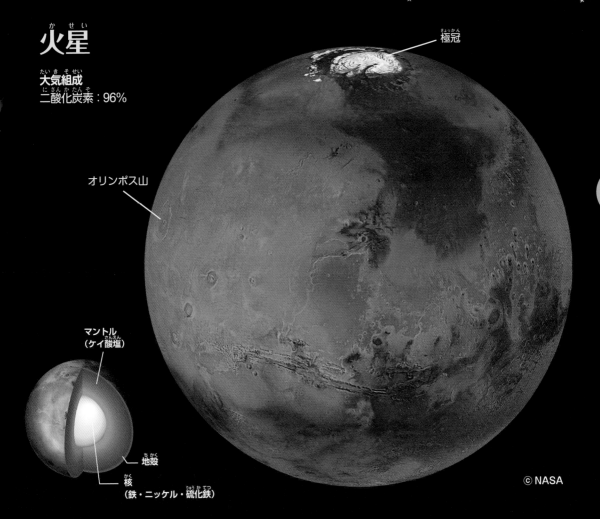

極冠（きょっかん）

オリンポス山

マントル（ケイ酸塩）（さんえん）

地殻（ちかく）

核（かく）
（鉄・ニッケル・硫化鉄）（りゅうかてつ）

© NASA

火星（かせい）の直径は地球の約半分である。火星の大地には、古いクギによく見られる赤サビの成分（せいぶん）である酸化鉄（さんかてつ）がたくさんふくまれているため、赤く見える。火星の北極（ほっきょく）・南極（なんきょく）は二酸化炭素（にさんかたんそ）の白い氷（ドライアイス）でおおわれており、その下には凍（こお）った水があると考えられている。また、地表にはかつて水があったと思われる地形がみつかっている。

図表 3-6　火星の砂丘（さきゅう）には降り積もったドライアイスの霜（しも）が流れ落ちることでできると思われる溝（みぞ）がいくつも見つかっている。溝の底やまわりには白い霜（しも）が見られる。
© NASA/JPL-Caltech/Univ. of Arizona

オリンポス山（2万5000m）

富士山（3776m）

図表 3-5　火星には太陽系（たいようけい）最大といわれる火山オリンポス山がある。

木星
もくせい

大気組成
たいきそせい

水素：81%
すいそ

ヘリウム：17%

大赤斑
だいせきはん

大赤斑は台風のような巨大な風の渦巻きである。

液体分子水素
えきたいぶんしすいそ

核（岩石・氷）
かく

大気層

液体金属水素、ヘリウム

© NASA/JPL/
University of Arizona

© NASA/JPL-Caltech/SwRI/MSSS/
Betsy Asher Hall/Gervasio Robles

　木星は太陽系最大の惑星で、その直径は地球のおよそ11倍もある。厚い大気につつまれたガス惑星で、地球のような固い地面はない。木星の大気は大部分が水素とヘリウムだが、メタンやアンモニアなどもふくまれている。上空では、それらが小さな氷のつぶになり雲となるが、物質の違いが色の違いとなって現れる。さらに木星の自転方向に帯状の雲ができて、白や茶色のしま模様ができるのだ。

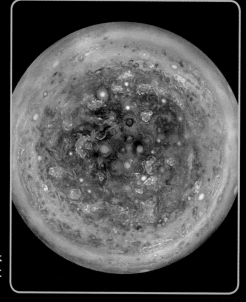

図表 3-7
木星探査機ジュノーから見た木星の南極側のようす。帯のようなしま模様とは異なり、南極には台風のような渦巻く嵐がいくつも見られた。

土星

大気組成
水素：93%
ヘリウム：5%

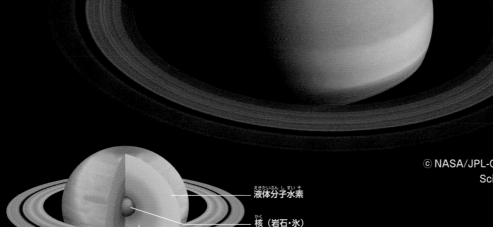

© NASA/JPL-Caltech/Space
Science Institute

液体分子水素
核（岩石・氷）
大気層
液体金属水素、ヘリウム

　土星は大きく美しい環をもつ惑星だ。環の正体はCDのような円盤ではなく、大小無数の氷からできている。よく見ると、環が多くの細い筋になっている。これは、土星のまわりを回る衛星などの影響で、環を形づくる氷が回りやすい部分と回りにくい部分ができるためである。環の場所によっては、すき間ができたりする。

土星の公転と環の見え方

　土星は 27°かたむいたまま、太陽のまわりを約 29.5 年かけて一周する。そのため、地球から土星を見ると環のかたむきが変化して見える。

　環の厚みがきわめてうすいため、地球から環を真横から見ることになる数日間は、環を見ることができなくなる。

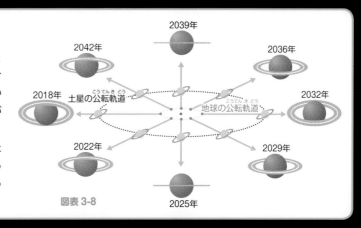

2039年
2042年
2036年
2018年　土星の公転軌道
地球の公転軌道
2032年
2022年
2029年
図表 3-8
2025年

天王星

大気組成
水素：83%
ヘリウム：15%
メタン：2％未満

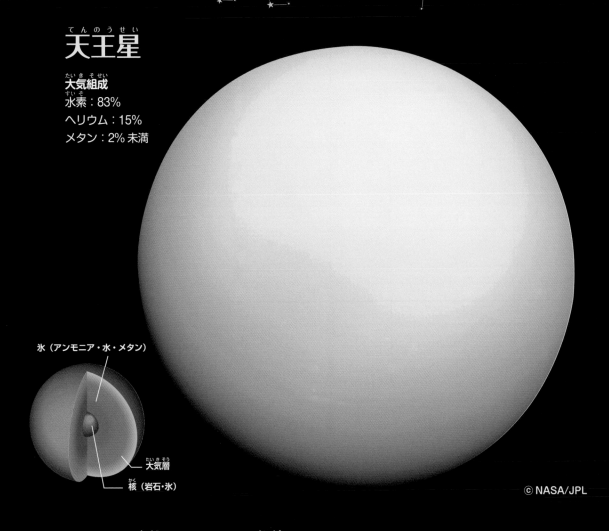

氷（アンモニア・水・メタン）

大気層
核（岩石・氷）

© NASA/JPL

天王星は真横にたおれたまま太陽のまわりを回っている。そのため、地球の北極や南極のように、太陽がしずまない日、または太陽がのぼらない日が長く続く場所が、惑星の大部分をしめる。昔、火星から地球くらいの大きさの天体がぶつかって横だおしになったのではないかと考えられている。

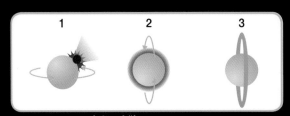

図表 3-9　天王星の衛星の軌道も同じく横だおしになっていることから、衝突があったのは太陽系ができたてのころと考えられている。

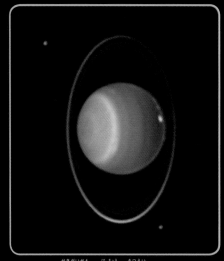

図表 3-10　赤外線の波長で撮影したもので、細い環が写っている。また天王星の表面には明るい点がいくつかあるが、まわりより少し温度が高いのだと考えられている。
© NASA/JPL/STScI

海王星
かいおうせい

大気組成
たいきそせい

水素：84%
すいそ

ヘリウム：12%

メタン：2%

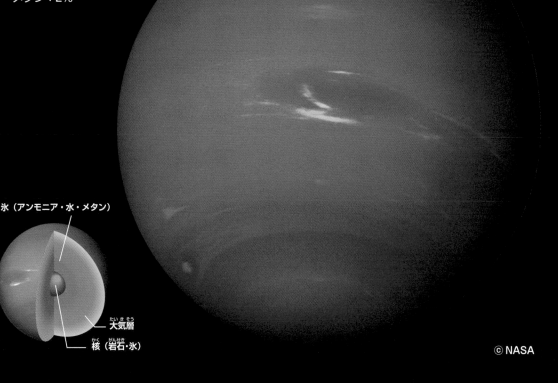

氷（アンモニア・水・メタン）

大気層
たいきそう

核（岩石・氷）
かく　がんせき

© NASA

　海王星と天王星はよく似た惑星で、どちらも太陽から遠いので、表面温度はマイナス200℃以下と冷たく、内部のほとんどは水やメタン、アンモニアが凍った、氷状の海でできている。大気成分もほぼ同じで、水素、ヘリウム、メタンなどが無数の氷の粒になって雲のように浮かんでいる。青く見えるのは赤い光を吸収するメタンの性質によるものだ。海王星表面にだけ暗斑などの模様が見えるのは、天王星より内部温度が高いのが原因と考えられる。

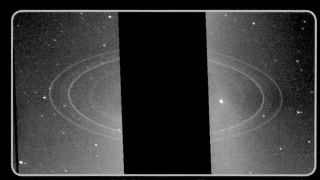

図表 3-11　アメリカの探査機ボイジャー2号によって、海王星にも環が発見された。© NASA/JPL

★ ニューホライズンズの長い旅

2015 年 7 月 14 日、アメリカの探査機「ニューホライズンズ」が打ち上げから約 9 年半かけて、ついに冥王星に最接近した。

冥王星は海王星の軌道よりもさらに外側にある、小さな天体が集まった領域を回っている。遠すぎて、これまでハッブル宇宙望遠鏡でもその姿をはっきりと見ることができなかったが、ニューホライズンズは特徴的なハートマークをはじめ、メタンの雪が積もった山々や凍ったちっ素の池など、地表のようすまではっきりととらえた。

また、2019 年 1 月 1 日には、地球から約 65 億 km 離れた小惑星アロコス（2014 MU69）に最接近し、これまでで最も遠い場所での探査に成功した。ニューホライズンズは、今後も別の天体の探査をおこなう予定だ。

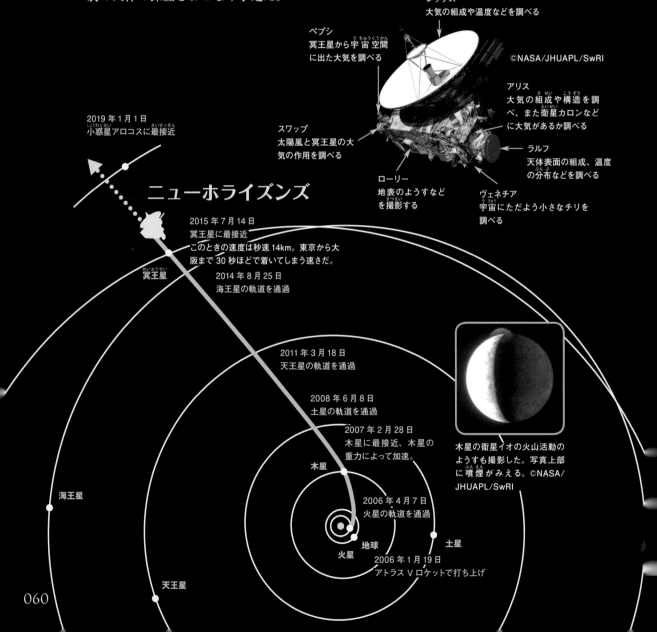

レックス
大気の組成や温度などを調べる

ペプシ
冥王星から宇宙空間に出た大気を調べる

©NASA/JHUAPL/SwRI

アリス
大気の組成や構造を調べ、また衛星カロンなどに大気があるか調べる

スワップ
太陽風と冥王星の大気の作用を調べる

ラルフ
天体表面の組成、温度の分布などを調べる

ローリー
地表のようすなどを撮影する

ヴェネチア
宇宙にただよう小さなチリを調べる

2019 年 1 月 1 日
小惑星アロコスに最接近

ニューホライズンズ

2015 年 7 月 14 日
冥王星に最接近
このときの速度は秒速 14km。東京から大阪まで 30 秒ほどで着いてしまう速さだ。

2014 年 8 月 25 日
海王星の軌道を通過

冥王星

2011 年 3 月 18 日
天王星の軌道を通過

2008 年 6 月 8 日
土星の軌道を通過

2007 年 2 月 28 日
木星に最接近、木星の重力によって加速。

木星

海王星

木星の衛星イオの火山活動のようすも撮影した。写真上部に噴煙がみえる。©NASA/JHUAPL/SwRI

2006 年 4 月 7 日
火星の軌道を通過

地球
火星
2006 年 1 月 19 日
アトラス V ロケットで打ち上げ

土星

天王星

冥王星

直径：2370km
質量：地球の 0.002 倍
公転周期：およそ 248 年
自転周期：およそ 6 日

大気組成
ちっ素：90%
メタン：10%
ほか一酸化炭素

冥王星は 1930 年にアメリカの天文学者クライド・トンボーが発見し、当時は太陽系の 9 番目の惑星とされていたが、2006 年に「準惑星」に変更された（☞ 3 級テキスト 5 章 3 節）。主にちっ素やメタン、一酸化炭素の氷でできている。もっとも太陽に近づくとき、海王星の軌道の内側に入る。

氷の平原のとなりには 2500m もの高さの高地が広がり、その境目はぎざぎざと入り組んでいる。冥王星には予想を超える複雑な地形がいくつも発見された。
©NASA/Johns Hopkins University Applied Physics Laboratory/Southwest Research Institute

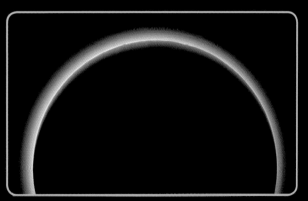

冥王星の大気にはいくつもの青いもやの層が上空 200km の高さにまで広がっていた。
©NASA/Johns Hopkins University Applied Physics Laboratory/Southwest Research Institute

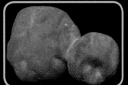

まるで雪だるまのような形をしたアロコス。2 つのかたまりがおたがいの引力でだんだん近づき、合体してできたのかもしれない。
©ASA/Johns Hopkins University Applied Physics Laboratory/Southwest Research Institute

3章

3 環と衛星
わ えい せい

太陽系の惑星のうちで衛星をもつ惑星、環をもつ惑星について整理してみよう。
たいようけい わくせい えいせい わ

1 環をもつ惑星
わ わくせい

木星
もくせい

木星の環は 1979 年にボイジャー 1 号が発見。主成分はチリでうすいため、地上からの観測は困難。
しゅせいぶん
かんそく こんなん

主環
しゅかん

土星
どせい

1610 年、科学者ガリレオ・ガリレイが初めて土星の環を観測したが、望遠鏡の性能が低かったので、環だとわからなかった。
しゅせい
ぼうえんきょう せいのう

C 環
かん

B 環
かん

カッシーニのすき間
ま

A 環
かん

天王星
てんのうせい

1977 年、天王星によって背後の恒星が隠れる前後、恒星の光が何かにさえぎられて弱まる現象が観測されて、環の存在が明らかとなった。
はいご こうせい
げんしょう
そんざい

海王星
かいおうせい

1989 年に、ボイジャー 2 号によって初めて確認された。
かくにん

太陽系の惑星のうち環をもつのは木星、土星、天王星、海王星の4つ。土星の環の厚さは、土星を直径30 mのガスタンクにたとえると、厚さわずか0.01 mmのサランラップほどのうすさである。
たいようけい わくせい わ
もくせい どせい てんのうせい
かいおうせい あつ
ちょっけい

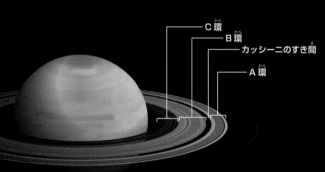

② 個性的な衛星たち

惑星のまわりを回る天体を衛星という。太陽系の惑星で衛星をもたないのは水星・金星のみ。木星の衛星のうち、科学者ガリレオ・ガリレイによって発見された4つの衛星は、ガリレオ衛星と呼ばれている。

地球
衛星の数：
1個

月

表面全体が古い岩石でおおわれた活動しない衛星としては太陽系最大。

火星
衛星の数：
2個

フォボス

ダイモス

どちらも非常に小さくいびつ。火星の引力にとらえられた小惑星と考えられる。

木星
衛星の数：
72個

イオ

エウロパ

ガニメデ

カリスト

ボイジャー1号により、地球以外で初めて火山活動が確認された。黒い点は溶岩噴出口。

イオと同様に木星や他の衛星の引力の影響を受けて衛星が伸縮して熱が発生している。

太陽系の衛星のなかで最大。水星よりも大きい。

水星とほぼ同じ大きさ。ガリレオ衛星4つは偶然にも内から五十音順にならんでいる。

土星
衛星の数：
53個

ミマス  エンケラドス 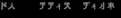 テティス ディオネ レア 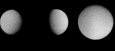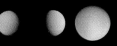 タイタン

氷でおおわれて表面が白く輝いている。氷の下の海に生物の存在が期待される。

ちっ素の濃い大気がある。2005年、探査機カッシーニから切り離されたホイヘンスが軟着陸に成功。液体メタンの雨、海や川の存在が明らかになった。

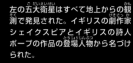

天王星
衛星の数：
27個

ミランダ　アリエル　ウンブリエル　ティタニア　オベロン

左の五大衛星はすべて地上からの観測で発見された。イギリスの劇作家シェイクスピアとイギリスの詩人ポープの作品の登場人物から名づけられた。

海王星
衛星の数：
14個

トリトン

海王星最大の衛星。海王星の自転方向とは逆向きに公転していることなどから、海王星の引力につかまった天体と考えられる。

図表3-13　太陽系の主な衛星の大きさ比べ。左から惑星に近い順にならんでいる。衛星数は、2020年4月時点で、存在が確定された衛星のみ。木星・土星は未確定のものをふくめると、それぞれ79個、82個発見されている。
©NASA

④ 惑星のリズム

　ここで少しおさらいしておこう。地球をふくめ8つの惑星はすべて太陽のまわりのほとんど同じ面の上を規則的に回っている。これを**公転**といい、惑星はみんな同じ向きに公転している。地球は365日（1年）で太陽のまわりを一周する。公転のスピードは太陽に近い惑星ほど速く、水星は88日で一回りしてしまう。

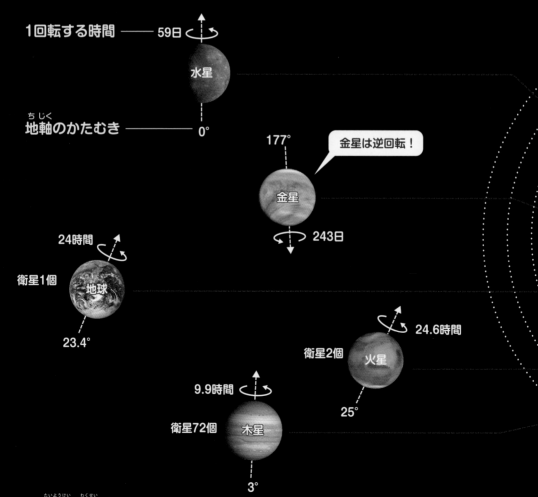

1回転する時間 —— 59日

水星

地軸のかたむき —— 0°

177°

金星は逆回転！

金星

243日

24時間

衛星1個

地球

23.4°

24.6時間

衛星2個

火星

25°

9.9時間

衛星72個

木星

3°

図表 3-14　太陽系の惑星の動きをかんたんに表した図

惑星自身も回転していて、地球は 24 時間（1 日）で一回転する。これを**自転**といい、惑星はみんな同じ向きに西から東へ自転しているが、金星だけは逆向きだ。

　また、それぞれの惑星は少しかたむいたまま太陽のまわりを公転しており、地球のかたむきは 23.4°。天王星はほぼ真横にたおれた状態で太陽のまわりを回っている！

　惑星のまわりを回っているのは**衛星**だ。月は地球のまわりを回る衛星。木星や土星のような大きな惑星のまわりには衛星がたくさんある。

※図表 3-14 のそれぞれの惑星の大きさと太陽からの距離は実際とは異なるので注意。

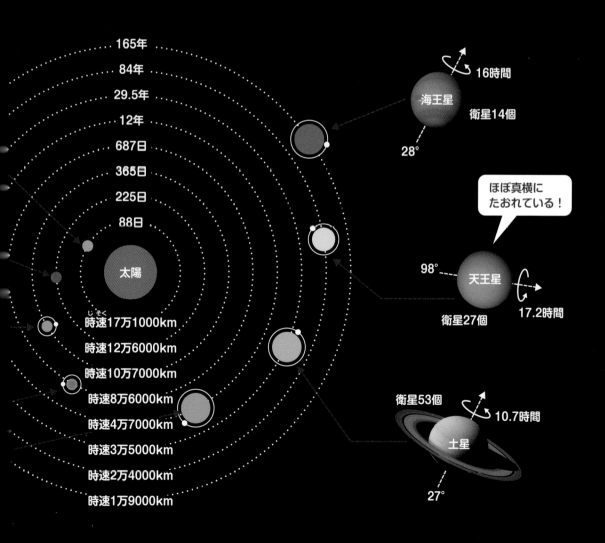

5 流れ星のひみつ

夜空をながめていると、ときおりすぅーっとひとすじの光が流れていくことがある。まるで星が流れたように見えるので流れ星と呼ばれているが、流れ星はいったい何が光っているのだろう？

1 流れ星って星じゃないの?!

ほんの1秒足らずで消え去ってしまう流れ星。その正体は宇宙からぶつかってくる砂つぶか小石だ。地球と同じように、太陽のまわりを回っていて、地球と衝突し、大気の中に飛びこんできたときに光って見えるのが流れ星なのだ。まるですぐ近くに落ちてきたように思えるが、実際はおよそ100kmもの上空で光っている。そんなに遠くにある小さな物が、なぜあれほど明るく光って見えるのだろうか。それは砂つぶのスピードにひみつがある。速いものでは秒速70km！新幹線でも秒速0.08kmだから1000倍もの速さだ。ものすごいスピードで大気とぶつかって熱くなり、まわり

図表3-15　流れ星（右下の線のように写っているのが流れ星）

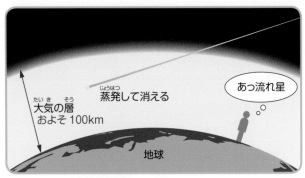

図表3-16　流れ星が光る場所

の大気とともに光っている現象が流れ星だ。流れ星にはオレンジ色や青白など色がついて見えることもあるので、よく観察してみよう。砂つぶは大気の中で蒸発してしまうが、流れ星の元のつぶが大きな物だと**火球**というとても明るい流れ星が見られる。さらに大きな物だと、蒸発しきれずに地上に落ちてくることがある。それが**いん石**だ。

図表 3-17　日本で一番大きな気仙いん石　写真提供：国立科学博物館

豆辞典

人工衛星を見よう

ずっと空をながめていると、星のような小さな光の点が1～2分かけて空を横切っていくことがある。人工衛星に太陽の光が反射して見えているのだ。夕方や明け方にとくに見えやすい。流れ星の観察中にも見られるかも（☞ 5章コラム 108 ページ）。

2　流れ星がたくさん見られる流星群

　流れ星は、ふだん1時間に数個しか見えない。はじめて流れ星を観察するなら**流星群**がおすすめだ。毎年決まった時期に多くの流れ星が流れるからだ。ある星座を中心にして放射状に流れるように見えるので、その星座の名前をつけて、○○座流星群と呼ぶ。流れ星が飛び出す中心となる点を放射点という。図表 3-18 は、とくに多くの流れ星が出現することで知られる三大流星群で、空の暗いところならば1時間に20～60個くらい見られる。

　流星群は、なぜ毎年同じ日に見られるのだろうか。それは、彗星がまき散らしたチリや砂つぶなどの流れの中を地球が毎年決まった日に横切るからだ。

※しぶんぎ座は現在の88星座にはないが、放射点がかつてのしぶんぎ座にあることからそう呼ばれている。

図表 3-18　三大流星群の見える時期

毎年見られる主な流星群	多くみられる日
しぶんぎ座流星群※	1月4日ごろ
ペルセウス座流星群	8月13日ごろ
ふたご座流星群	12月14日ごろ

図表 3-19　しし座流星群 ©SPL/PPS

▶▶▶ 巨大いん石落下の衝撃

　宇宙から飛びこんできた岩石が、大気を突破して地上に落ちてきたものを、いん石という。日本国内で確認された、いん石の落下はこれまでに50回。なかには、ひとつのいん石がばらばらに分かれたものもある。いん石は秒速10～20kmもの猛スピードで落下してくるため、小さなものでも衝突すると被害がでる。日本でも、車のボンネットに穴を開けたり、家の屋根をつきやぶった例がある。ただ、いん石の落下はめったにあるものではなく、それによってけがをしたり死んだりすることはまずないと思われていた。

　しかし、2012年にロシアに落下したいん石は、20m四方ほどもあった巨大な岩だったと考えられ、その落下の衝撃で、空気が激しく震え、近隣のビルの窓ガラスを粉々にしたり、壁を倒したりした。いん石そのものではなく、落下の衝撃によって1000人以上の人がけがをして病院に運ばれたのだ。これは、いん石の落下がもたらした人類史上最大の事件だった。

　こうした大きないん石の落下は、世界全体を見わたすと、10年に1度はあるようだ。

　そこで、大きないん石の衝突を望遠鏡で宇宙にいるうちに発見し、事前に察知して、警報を出したり、回避方法を考えたりするためのスペースガードという取り組みもおこなわれている。

日本に落ちた重いいん石ベスト5

名前	落下（発見）場所	年月日	重量（kg）	個数
田上（田上山）	滋賀県大津市	1885	174	1
気仙	岩手県陸前高田市気仙町	1850/6/13	135	1
薩摩（九州）	鹿児島県伊佐市	1886/10/26	約46.5	約10
白萩	富山県中新川郡上市町	1890	33.61	2
米納津	新潟県燕市	1837/7/13	31.65	1

2013年2月15日にチェリャビンスクでとらえられた火球
©RIA NOVOSTI/SPL/PPS

▶▶▶ 南極でのいん石採集

　日本は世界でもっともたくさんいん石を保有している国だ。日本の国土そのものは狭いが、南極観測隊が南極の氷の上で何千個といういん石を発見し、持ち帰っている。

　南極でいん石がたくさん見つかるのは、一面が白くて草も何もなく、いん石があると目立つためだ。また、南極の氷はゆっくり動いており、ほうきでゴミを集めるように、山すそにいん石がたまる。それらをごっそり発見できるので効率がよいのだ。

Q1 チェック

次のうち、もっとも速度が遅いのはどれか？

①地球の公転速度　②木星の公転速度
③海王星の公転速度　④国際宇宙ステーションの飛行速度

Q2 チェック

太陽系でもっとも太陽から遠いところを回っている惑星はどれか。

①天王星　②海王星　③冥王星　④フォボス

Q3 チェック

土星の環を、環とはわからずに初めて見たのは誰か。

①ガリレオ・ガリレイ　②ジョヴァンニ・カッシーニ
③クリスティアーン・ホイヘンス　④グスターヴ・ホルスト

Q4 チェック

惑星の特徴を説明した内容で、まちがっているものはどれか。

①水星、金星には衛星がない
②金星は他の惑星とは逆の向きに自転している
③木星を地球から小さな望遠鏡で見ると、リングが見られる
④天王星は横に倒れているように、自転する軸の傾きが特別大きい

Q5 チェック

惑星探査機の名前と、探査した天体の名前の組み合わせがまちがっているものはどれか。

①カッシーニー天王星　②はやぶさーイトカワ
③ボイジャー2号ー海王星　④ニューホライズンズー冥王星

Q6 チェック

流れ星の特徴としてまちがっているのはどれか。

①オレンジや青白など色がついて見えることがある
②上空100㎞くらいの地球の大気の中で光っている
③地球のまわりを回り続けている
④毎年、同じ時期にたくさん見られることがある

解答・解説はウラ

A1 ③ **海王星の公転速度**

解説 ▶▶▶ 太陽系の惑星は外側の惑星ほど公転速度が遅い（☞ 64・65 ページ）。もっとも外側を回る海王星は時速 1 万 9000km。一方、国際宇宙ステーションは時速 2 万 8000km ほどで地球を回っている。地球を約 90 分で 1 周しており、45 分ごとに昼と夜がやってくる。なお、以前は冥王星が太陽系第 9 惑星とされていた。しかし、2006 年に国際天文学連合の決定で、惑星ではなく準惑星となった。大人のなかには、いまでも「水金地火木土天海冥」と覚えている人がいる。

A2 ② **海王星**

解説 ▶▶▶ 太陽系の惑星は太陽系に近い順に、水星、金星、地球、火星、木星、土星、天王星、海王星の 8 つである。「すい・きん・ち・か・もく・ど・てん・かい」と覚えよう。一方、一番遠い惑星、海王星の外側にも太陽系は広がっていて、そこには、惑星より小さな氷でできた天体、太陽系外縁天体がたくさんある。2006 年まで惑星のひとつと分類されてきた冥王星もそのひとつだ。④のフォボスは火星にある 2 つの衛星のうちのひとつ。

A3 ① **ガリレオ・ガリレイ**

解説 ▶▶▶ 土星の環の観測は肉眼では不可能だ。1610 年にガリレオが望遠鏡で初めて土星を観測したといわれている。しかし、望遠鏡の性能が低かったので、それが環であることがわからずに、土星には耳があると手紙に記している。その後、ガリレオは観測を続けるが、土星はその姿を変えていき（☞ 57 ページ）、彼を混乱させたという。ホイヘンスは、環が環であると見ぬいた。カッシーニは、環の中に、すき間を見つけた。ホルストは、音楽家で組曲「惑星」を作曲。その中に「土星、老いをもたらす者」という曲がある。

A4 ③ **木星を地球から小さな望遠鏡で見ると、リングが見られる**

解説 ▶▶▶ リングが見られるのは土星で、木星の場合にはガリレオ衛星やしま模様が見られる。木星の環は探査機ボイジャー 1 号によって発見され、望遠鏡では発見できなかった。

A5 ① **カッシーニ－天王星**

解説 ▶▶▶ カッシーニが観測したのは土星。2017 年、カッシーニは土星の大気に突入し、大気のデータを地球に送信する最後の任務を果たして燃え尽きた。カッシーニは、土星のさまざまなデータをもらたした他にも、衛星タイタンに突入機「ホイヘンス」を着陸させたり、エンケラドスからの水の噴出をとらえたり数多くの情報をもたらした。

A6 ③ **地球のまわりを回り続けている**

解説 ▶▶▶ 流星は小さな砂粒が地球の大気にとびこみ光る現象だ。毎年、決まった時期に多くの流れ星が放射状に流れる流星群は、彗星がまき散らしたチリの帯を、地球が横切ることで見られる。

4章

TEXTBOOK FOR ASTRONOMY-SPACE TEST

～星座の世界～

★ 望遠鏡で宇宙を見る

★ メシエカタログ（M）とニュー・ジェネラル・カタログ（NGC）

星雲や星団、銀河の名前には、M13とか、NGC4038という記号が付いていることが多い。
Mは、フランス人の天文学者シャルル・メシエの頭文字で、彼がつくったメシエカタログにのっている1から
110番までのどれかの天体であることを表す。このカタログは200年以上前の18世紀につくられた。そのころの
小さな望遠鏡でも見られる、明るく見つけやすい天体が多い。またフランスから見えない天体はふくまれていない。
一方、NGCはニュー・ジェネラル・カタログにのっている7840個の天体のどれかということだ。19世紀末につ
くられ、メシエから100年たって望遠鏡の性能もあがったため、数が大きく増えている。南半球での観測の成果
もふくまれている。つくったのはジョン・ドライヤーというアイルランドで活躍した天文学者だ。彼はその後、
20世紀になってNGCにもれていた5386個の天体を集めたIC（インデックス・カタログ）を追加でつくっている。
さらに進歩した天体写真などを使って、より見えにくい天体ものっている。また、MとNGCの両方の番号があ
る天体もたくさんある。たとえば、アンドロメダ銀河はM31であり、NGC224でもある。

すばる望遠鏡のドームとハワイの夜空。光の橋のような白い線は国際宇宙ステーション（ISS）の軌跡だ。© 国立天文台

オリオン座のM42中心部にあるトラペジウム
（地球からの距離1400光年）©国立天文台

はくちょう座にある星形成領域S106 IRS4（地
球からの距離2000光年）©国立天文台

かに星雲は、おうし座にある超新星残骸。（地
球からの距離7200光年）©国立天文台

ケフェウス座の渦巻銀河NGC 6946（地球からの
距離2250万光年）©国立天文台

　夜空には多くの天体がある。肉眼で見える明るい星、かすかな光を放つ星雲、たくさんの星が集まっている星団、銀河などがあり、地球からの距離や大きさはさまざまだ。望遠鏡を使うと、肉眼では見られない暗い天体や、遠くにある天体を見ることができる。

　すばる望遠鏡は、日本の国立天文台が標高4200mのハワイ島マウナケア山頂に建設した口径（レンズや鏡の直径）8.2mの大型望遠鏡だ。すばる望遠鏡が撮影した美しい天体画像を見てみよう。

　すばる望遠鏡では、130億光年以上遠くを見ることができるが、もっと遠くを見るためには、口径のさらなる大型化が必要だ。現在、口径30mの超大型望遠鏡「TMT」をハワイ島マウナケア山頂に建設する計画が、日本、アメリカ、カナダ、中国、インドなどの国際協力によって進められている。

① 星座はカレンダー

夜空には季節ごとにいろいろな星がめぐってくる。古代の人が見ていた星空も、今私たちが見ている星空も同じだ。特に星空にえがく星座は、季節によって移り変わるのがわかり、古代の人の生活にも役立つものだった。星空や星座はどのように利用されてきたのだろうか。

1 星座ってなに?

明るい星をつないでいくと何かの形に見えてくることはないだろうか。4000年以上も前の古代の人びとは、毎日変わらない星のならびに、動物や道具などの姿を想像し、星たちをつないでさまざまな形を思いえがいてきた。このような星のならびや集まりを**星座**という。ギリシャなどそれぞれの地方の神話と結びつけられた星座も多い。図4-1の写真のように明るい星をつなぐ**星座線**は星座の形をわかりやすく示すもので、公式な結び方はなく、つなぎかたも自由だ。

図表 4-1 S字状の星のならびは、さそりの姿を思い浮かべやすい形だ。

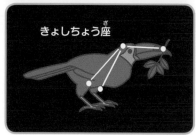

図表 4-2
南半球の星座は18世紀ごろつくられたので科学機器やめずらしい生き物などが多い。

② 季節を知らせる星

　夜空に見える星座は、時間とともに移り変わっていく。そして、季節ごとに見える星座が変わる。冬ならオリオン座が空高くに見えるし、夏はさそり座が南の空に見える。

　どの季節にどんな星座が見えるのかは決まっているので、これを利用すると、夜空を見るだけで季節の移り変わりがわかる。

　4000年前の古代には紙がなく、本もなく、字を読める人も限られていた。そこで、夜空の星座をめあてにして、季節が移っていくのを知った。冬があとどのくらいで終わるのか、いつごろから暑くなるのかというように、カレンダーがわりに使っていたのだ。

　ちなみに「夏の星座」など、その季節に見ごろの星座は夜8時ごろに外に出ると南の空に見つけやすいものを指す。

図表 4-3　星座がカレンダーだった

③ 星座はいくつある?

　答えは88個だ。これは、世界共通のものとして公式に決められたものだ。

　ただ、星座は人間が想像でつくった星の結びかたで、何を思い浮かべるかは地域によっていろいろだ。いまでも公式ではないけれど使われているものがある。たとえば、日本で、つりばり星と言われてきたのは、さそり座のことだし、北斗七星は、おおぐま座のしっぽの部分であり、世界各地でさまざまな形に見られてきた（図4-5）。夏の大三角といった結び方も、公式な星座ではないけれど、広く使われている。

© SPL/PPS

図表 4-4　北斗七星

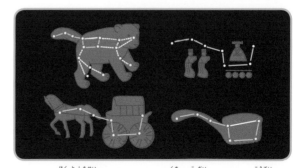

図表 4-5　北斗七星は、ギリシャでは熊、古代の中国では皇帝の乗り物、中世のヨーロッパでは馬車、アメリカではひしゃくに見たてられていた。

4章

② 星の姿

教室にいる友だちや、まわりの人を見てみると、いろいろな人がいることがわかる。それと同じように、星にもいろいろな姿がある。ここでは、星の明るさや、大きさ、色についてみていこう。

① 星の明るさ

　夜空の星たちには明るい星もあれば暗い星もある。星の明るさを表すには**等級**を使う。等級を最初に考えたのは2000年以上も昔のギリシャ人、ヒッパルコスといわれている。かれは、一番明るく見える星を**1等星**、肉眼で見える限界ギリギリの星を**6等星**とした。19世紀には、1等星は6等星より100倍明るいとわかった。1等星は全天に21個ある（☞図表4-16）。また、水星・金星・火星・木星・土星の5つの惑星も1等星だ。

　現在ではくわしく等級が決まっていて、1等星よりも明るい星には、0等星、－1等星、－2等星……というように「マイナス」をつける。マイナスの数字が大きいほど明るい星だ。星座を形づくる星で一番明るい、おおいぬ座のシリウスは－1.5等星、織ひめ星として有名な、こと座のベガは0等星、北極星は2等星だ。

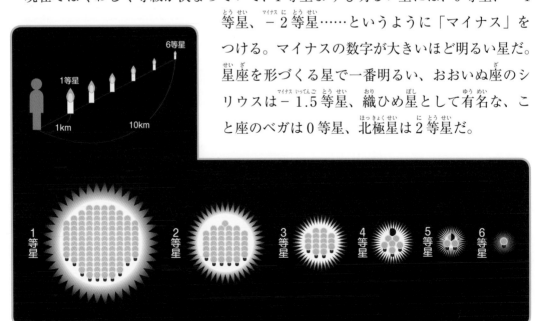

図表4-6　星の明るさは等級で表す。6等星の100倍の明るさが1等星、太陽はマイナス27等星、満月はマイナス13等星だ。ちなみに、1等星は1km先においたローソク1本の明るさ、6等星は10km先においたローソク1本の明るさである。

2 星の大きさ比べ

太陽の直径は地球の約109倍もあるが、宇宙には太陽よりも大きな星がまだまだある。はくちょう座のデネブは太陽の約200倍、さそり座のアンタレスは太陽の約700倍、オリオン座のベテルギウスは約900倍以上もある。ちなみに、発見されているもので一番大きい星の1つは、たて座のUY星で、なんと太陽の約1700倍もあると考えられている。

デネブ
約200倍

アンタレス
約700倍

ベテルギウス
約900倍

太陽の直径139万2000km

図表4-7　他の恒星は太陽の何倍の大きさだろう（2014年版「理科年表」による）

3 色のついた星

人間の目にはほとんどの星は白色に見えるが、すべての星にそれぞれ特有の色がある。色の違いは、その星の表面温度に関係している。おおざっぱに言って、青白い星が一番温度が高く、1万度以上もある。そこから白、黄、オレンジ、赤の順に温度が低くなっていく。赤い星は約3000℃である。ただし、実際には他の色の光も出しているので、それらが混ざった光として地球に届く。たとえば、太陽の表面温度は約6000℃で、緑色の光を一番強く出しているが、実際は青や黄や赤などいろいろな色の光を出している。私たちが見ると少し黄色っぽい白色に見える。とは言っても、太陽の観察をするときは、絶対に直接見てはいけない（☞6章コラム128ページ）。

アンタレス　ベテルギウス　アルデバラン　ポルックス　カペラ　プロキオン　シリウス　リゲル

低温　　　　　　　　　　　　　　　　高温

図表4-8　宝石のようにさまざまな色に輝く星ぼし。
写真右7点：©Mitsunori Tsumura，左1点：©Science Source/PPS

3 動物が夜空を
かける春の星空

星座を見つけるコツは、明るい星、または見つけやすい形の星のならびからさがすことだ。春には動物の王様ライオンのしし座やおおぐま座など見つけやすい形の動物の星座が多い。とくに北斗七星は形が覚えやすく、北極星を見つける目印でもあり、どの季節でもたよりになる。

1 春の星座の見つけかたとみどころ

　　まずは**北斗七星**をさがそう。北斗七星はほぼ１年中、北の空で見られるが、春の午後８時ごろには北の空の高いところにあり見つけやすい。北斗七星の柄のカーブを図表4-9のように南の方へのばすと、**うしかい座**の１等星**アルクトゥルス**、**おとめ座**の

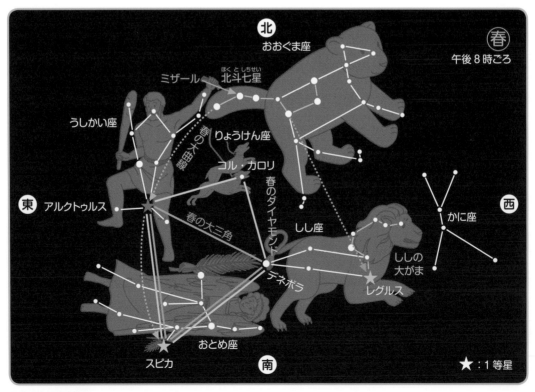

図表 4-9　春の星空

スピカとつぎつぎに見つかるはずだ。**春の大曲線**の少し右に目をやると**しし座**がある。ライオンの頭にある？マークの裏返し、**ししの大がま**が目印だ。

② 星座は夜の地図

もし真っ暗な夜、道に迷ったらどうするか？　今の時代なら、スマートフォンの機能で現在地の地図を見られる。しかし、昔の人びとは、何ひとつ目印がない海上でも星の位置だけをたよりに、航海していた。たとえば北の空でいつまでも位置を変えない**北極星**は、正確な北の方角を教えてくれる。北極星のまわりの星は1日で空を一周する

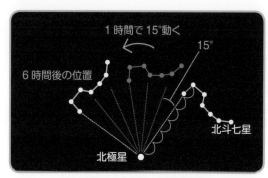

図表 4-10　北斗七星は春から夏には北極星の上に、秋から冬は地平線近くにみえる。北極星を中心に時計の針と反対回りに円をえがくように動く。

から、星がどれだけ動いたかで何時間たったのかを知ることができる。また、星の見える高さによって、自分が今、地球上のどこにいるかもわかる。たとえば、緯度が低い南の方へ行くと北極星が空の低いところに見えるように、星は見る人のいる場所によって見える高さが変わるのだ。

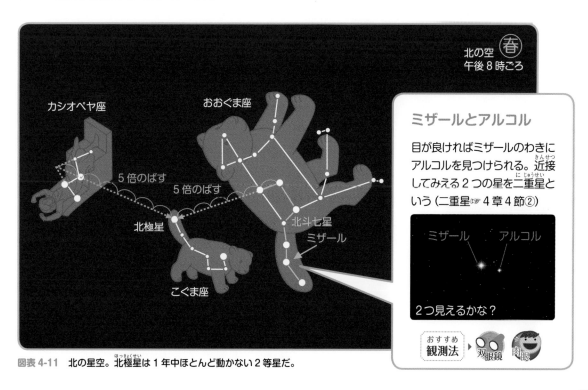

図表 4-11　北の星空。北極星は1年中ほとんど動かない2等星だ。

ミザールとアルコル

目が良ければミザールのわきにアルコルを見つけられる。近接してみえる2つの星を二重星という（二重星☞4章4節②）

ミザール　アルコル

2つ見えるかな？

おすすめ観測法 ▶ 双眼鏡　肉眼

4 織ひめ星とひこ星が出会う夏の夜空

夏の夜空には明るい星が多いので星座が見つけやすく、星空の観察を始めるのにはちょうどよい。七夕で有名な織ひめ星とひこ星が見られるのもこの季節。空の暗いところなら、さそり座からはくちょう座にかけて空に横たわる天の川も見られるはずだ。

1 夏の星座の見つけかたとみどころ

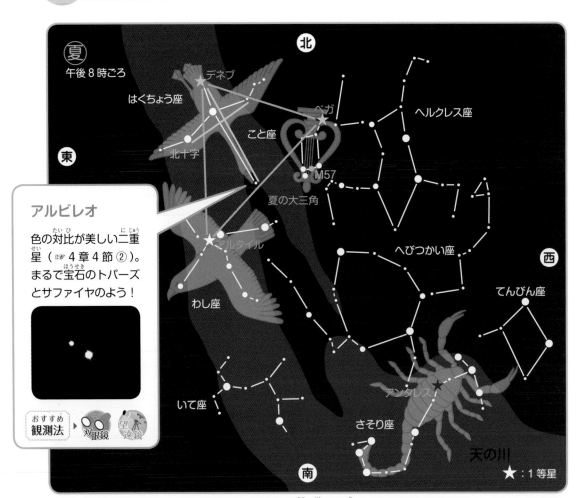

アルビレオ

色の対比が美しい二重星（☞ 4章4節②）。まるで宝石のトパーズとサファイヤのよう！

おすすめ観測法 ▶ 双眼鏡 星座早見

図表 4-12　夏の星空。雲のようにかすんで横たわって見えるのは天の川。いて座やさそり座の方向は天の川がもっとも太く明るく見える。

北斗七星を使って北を確かめたら、反対側の南の空に向かって頭の真上を見てみよう。明るい3つの1等星が大きな三角形にならんでいるのが見つかる。**こと座のベガ・はくちょう座のデネブ・わし座のアルタイル**がつくる**夏の大三角**だ。ベガ、アルタイルはそれぞれ**織ひめ星、ひこ星**でもあり、その間に**天の川**がある。**北十字**とも呼ばれるはくちょう座から天の川にそって南の低いところに目を向けると、Sの字に星がならんだ**さそり座**が横たわっている（☞図表4-1・4-12）。さそりの心臓にある1等星**アンタレス**は、火星のように赤く輝いているので、火星に張りあうものという意味がある。

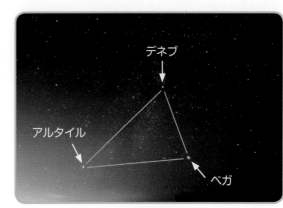
図表4-13　夏の大三角　Ⓒ国立天文台

② 二重星って何?

アルビレオやミザールとアルコルのように2つの星が近くにならんで見える星を**二重星**という。あまりにも近いので肉眼ではたいてい1つにくっついて見えてしまうが、双眼鏡や望遠鏡を使うと2つにわかれて見える。二重星には2つの星どうしの距離が本当に近い**連星**（2つの星がおたがいに回りあっている星たち）と、実際には離れているのに地球から見るとたまたま同じ方向にならんで見える**見かけの二重星**がある。アルビレオは最新の観測結果によって、見かけの二重星らしいということがわかった。

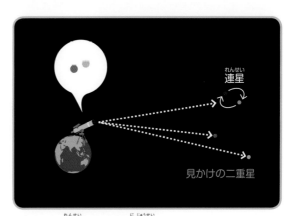
図表4-14　連星とみかけの二重星

豆辞典

一晩で半年分の星座を見る

その季節のメインの星座は午後8時ころに見られるが、真夜中を過ぎると次の季節の星座が空高くのぼっている。そして、明け方には東の空にさらに次の季節の星座が見えている！

星座をつくりだしたのは、いまから4000年前の遊牧民だといわれている。古代の星座は少しずつ変化しながら引きつがれ、ギリシャにもたらされると、神話の神がみと結びつけられギリシャ神話として語りつがれるようになった。

★ 春の星座の神話

★クマになって空にのぼった親子（おおぐま座・こぐま座）

　月と狩りの女神アルテミスにつかえる妖精カリストは、狩りが得意な美しいむすめだった。

　あるとき、カリストはギリシャの神がみの王であるゼウスにみそめられ、子どもを身ごもってしまう。カリストはそれをかくして過ごしていたが、ある暑い日、狩りのとちゅうで水浴びにさそわれ、アルテミスに大きくなったおなかを見られてしまう。アルテミスはたいそう怒り、カリストを追いはらってしまった。

　そののち、カリストは男の子アルカスをさずかる。すると今度は、ゼウスの妻ヘラがねたみから、カリストをクマの姿に変えてしまった。

　やがて月日は流れ、アルカスは母親ゆずりの、狩りの才能をもった青年に成長した。ある日、アルカスは森で大きなクマに出あった。なんとそれは母のカリストだった。カリストは成長した息子に会えたうれしさに、自分の姿がクマであることをわすれて歩みよったが、自分の母と知らないアルカスは、「なんとりっぱなクマなんだ」と、クマをしとめようとねらいをさだめた。そのようすを天上から見ていたゼウスは二人の運命をあわれんで、アルカスもクマの姿に変えて親子を天にあげ、カリストはおおぐま座、アルカスはこぐま座になった。このとき、ゼウスがあわてて2人のしっぽをつかんで天にあげたので、しっぽが長くなってしまったという。

　しかし、親子が星になってしまっても、ヘラは2人を許さなかった。ヘラは海の神オケアノスにたのんで、2人が海の下に入って休むことができないようにしてしまった。そのために、2つの星座は水平線の下にしずむことなく、北の天を回り続けることになったという。

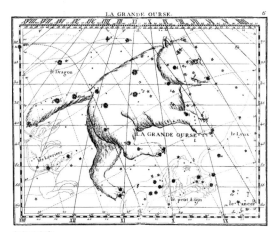

おおぐま座

★ 夏の星座の神話

★悲しいたて琴の調べ（こと座）

　太陽と音楽の神であるアポロンの息子、オルフェウスは、たて琴の名人だ。オルフェウスが琴をかなでると、神も人も動物も、森の木々でさえも、その調べに聞きほれたという。

オルフェウスの琴の音色にうっとりする動物たちをえがいた絵画。
©Bridgeman/PPS

　オルフェウスは、美しいエウリディケを妻にむかえたが、ある日、エウリディケはヘビにかまれて死んでしまう。なげき悲しんだオルフェウスは、地下にある死の国に行き、国王ハデスの前でたて琴をひいて、「ああ、どうか妻を生き返らせてください」とたのみこんだ。その美しい音色にハデスは心を動かされ、地上に着くまでにけっして後ろをふりかえってはいけないという約束で、エウリディケを地上に帰すことを許した。

　しかし、地上にもどるまでの長い道のりのとちゅうで、オルフェウスはエウリディケがついてきているかどうか心配になり、ついふりかえってしまった。すると、エウリディケはたちまち死の国につれもどされてしまった。

　悲しみのあまり、さまよい歩いていたオルフェウスは、祭りでよっぱらった女たちに殺され川にうちすてられてしまった。たて琴もまた、悲しい調べをかなでながら川をくだっていった。そののち、たて琴はゼウスにひろわれ、天に上げられて星座となった。

★白鳥に変身したゼウス（はくちょう座・ふたご座）

　ゼウスは美しいスパルタ王妃のレダを好きになってしまい、女神ヘラに気づかれないように白鳥に変身して、レダのもとに降り立った。

　やがて、レダはゼウスの子を身ごもり、ふたつのたまごを産んだ。ひとつのたまごからはふたごの男の子が、もうひとつのたまごからはふたごの女の子が生まれた。ふたごの男の子はカストルとポルックスといい、後にふたご座として天にのぼることになる。ふたごの女の子はヘレネとクリュタイメストラといい、ヘレネはその美しさゆえにトロヤ（トロイ）戦争のきっかけにもなったという。はくちょう座は、ゼウスが変身した白鳥だという。

5 秋の夜長に星空観察

秋の空は他の季節に比べて明るい星が少ないが、空気がすみわたっているので星がきれいに見えやすい。中秋の名月を楽しむお月見も秋だ。北斗七星が空の低いところにある秋は、カシオペヤ座が北極星を見つける目印となる。

1 秋の星座の見つけかたと見どころ

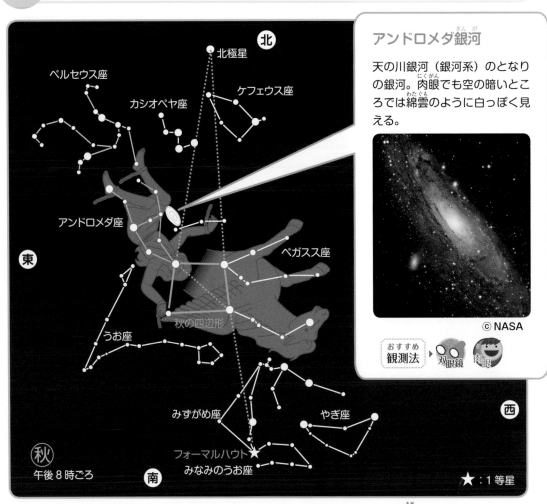

アンドロメダ銀河

天の川銀河（銀河系）のとなりの銀河。肉眼でも空の暗いところでは綿雲のように白っぽく見える。

© NASA

おすすめ観測法 ▶ 双眼鏡 肉眼

図表 4-15　秋の星空。明るい星が少ない秋の星座は、頭上に見える秋の四辺形を手がかりにして探してみよう。

カシオペヤ座を使って北の方角を確かめたら、南の空の高いところを見上げてみよう。頭の真上にやや明るめの4つの星が四角形にならんだ**秋の四辺形**が見つかる。これは天馬**ペガスス座**の一部でもある。ペガスス座の後ろ半分は**アンドロメダ座**につながっている。アンドロメダのひざあたりにはアンドロメダ銀河がある。肉眼で見えるもっとも遠い天体だ。空の暗いところなら綿雲のように白っぽく見える。アンドロメダ座の東には夏の流星群でも有名なペルセウス座がある。ペガスス座の西側2つの星にそって南へのばすと**みなみのうお座**の1等星フォーマルハウトが見つかる。まわりに他の1等星がないので秋のひとつ星とも呼ばれている。

② 星がきらきらまたたくのはなぜ？

星はきらきらまたたく。これは空気のせいだ。真空の宇宙空間では星はぴたっと輝きが止まって見える。これは宇宙飛行士だけが見られる景色だ。

星のまたたきは、星の光が右にそれたり左にそれたりと動き回ることで起こる。その原因は空気の動きである。空気は星の光をわずかに曲げるので、空気の動きで、空気の密度や温度が変化すると、曲がり方が変わって、光が見えたり見えなくなったりをくりかえして、星はまたたく。だから、冬の風が強いときには、星のまたたきが激しくなる。また、風がなくても、わずかな空気の変化で星はまたたく。とくに、冷たい空気と暖かい空気が混じり合うところでは、またたきは激しくなる。たき火の向こうや夏の陽炎などで景色が動くのも同じ理由だ。

一方、惑星はまたたきが少ない。像が広がっているため、光が少しずれても明るさがあまり変わらないからだ。

図表4-16　1等星一覧表。※印のある5つは南の空にあるので本州では見えない

星名	星座名	等級	色
シリウス	おおいぬ座	-1.5	★
カノープス	りゅうこつ座	-0.7	☆
リギル・ケンタウルス※ （アルファ・ケンタウリ）	ケンタウルス座	-0.3	★
アルクトゥルス	うしかい座	0.0	★
ベガ	こと座	0.0	★
カペラ	ぎょしゃ座	0.1	★
リゲル	オリオン座	0.1	★
プロキオン	こいぬ座	0.4	★
ベテルギウス	オリオン座	0.5	★
アケルナル※	エリダヌス座	0.5	★

星名	星座名	等級	色
ハダル※	ケンタウルス座	0.6	★
アクルックス※	みなみじゅうじ座	0.8	★
アルタイル	わし座	0.8	☆
アルデバラン	おうし座	0.9	★
アンタレス	さそり座	1.0	★
スピカ	おとめ座	1.0	★
ポルックス	ふたご座	1.1	★
フォーマルハウト	みなみのうお座	1.2	☆
デネブ	はくちょう座	1.2	★
ベクルックス※	みなみじゅうじ座	1.2	★
レグルス	しし座	1.4	★

色とりどりの冬の星たち

冬の星空は、明るくてカラフルな星が多いもっともはなやかな夜空だ。ほとんどの星が白く見えるなかで、ベテルギウスやアルデバランは赤っぽく、リゲルやシリウスは青白っぽく、カペラは黄色っぽく輝いている。色の違いにも気をつけて観察してみよう。

① 冬の星座の見つけかたと見どころ

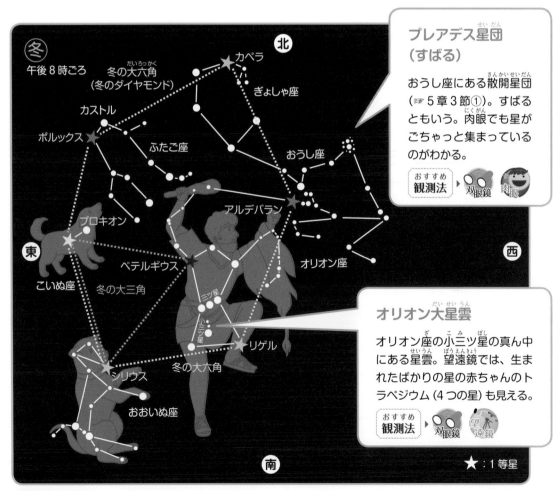

プレアデス星団（すばる）

おうし座にある散開星団（☞ 5章3節①）。すばるともいう。肉眼でも星がごちゃっと集まっているのがわかる。

おすすめ観測法 ▶ 双眼鏡 肉眼

オリオン大星雲

オリオン座の小三ツ星の真ん中にある星雲。望遠鏡では、生まれたばかりの星の赤ちゃんのトラペジウム（4つの星）も見える。

おすすめ観測法 ▶ 双眼鏡 望遠鏡

図表4-17　冬の星空

いちばん目立つのは、なんといっても南の空の**オリオン座**だ。**ベテルギウス**、**リゲル**という1等星が2つもあり、巨大な狩人の姿としてえがかれている。ベルトの部分には星が3つならんだ三ツ星があり、その下には、たてにならんだ小三ツ星が見える。三ツ星にそって左下にのばすと**おおいぬ座**の1等星**シリウス**が見つかる。月や惑星をのぞくと夜空で一番明るい星で、焼きこがすものという意味があるほどだ。三ツ星にそって右上にのばすと、**おうし座**の1等星**アルデバラン**、さらにその先には**プレアデス星団(すばる)**がある。おうし座の上にあるのは星が五角形にならんだ**ぎょしゃ座**だ。リゲルからベテルギウスに向かって線をのばしていくとその先に同じくらいの明るさの星が2つ見つかる。**ふたご座**の**カストル**と**ポルックス**だ。ふたご座の下で輝く1等星は**こいぬ座**の1等星**プロキオン**。冬の大三角や冬の大六角（冬のダイヤモンド）の形も手がかりにして、これらの星座をさがしてみよう。

② カノープスを見てみよう

見えたらラッキー！ というえんぎの良い星があるのを知っているだろうか。カノープスは本州では南の地平線すれすれに見える星だ。そのため本当は白い星なのに赤っぽく見える。中国では南極老人星とも呼ばれ、この星を見ると寿命がのびるという伝説がある。福島県、新潟県あたりよりも北では地平線から上にいかず、見ることができない。オリオン座のベテルギウスとおおいぬ座のシリウスが真南に位置したころに、図表4-18のような位置関係を使ってさがしてみよう。

ベテルギウス（イメージ図）

ベテルギウスは球形ではなく大きなこぶがある。近年、縮んでいることも明らかになり、超新星爆発を起こす前ぶれだという説もある。

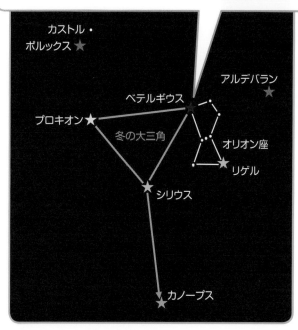

図表4-18　カノープスのさがしかた

★ 秋の星座の神話

★勇者ペルセウスとアンドロメダ姫（ペルセウス座、アンドロメダ座、ケフェウス座、カシオペヤ座、ペガスス座、くじら座）

　ゼウスの息子ペルセウスは、怪物メデューサ退治を命じられた。メデューサは、髪の一本一本がヘビというおそろしい姿で、その顔を見たものはたちまち石になってしまうという。

　ペルセウスは、伝令の神ヘルメスから空を飛ぶことができるくつと、姿をかくすことのできるかぶとを借りて退治にむかった。

　ペルセウスは、メデューサを直接に見なくてすむように、鏡のようにみがきあげた盾に寝ているメデューサの姿をうつしながらそっと近づき、ついにその首を切り落とし、袋にしまうことに成功した。そのときに流れた血のなかから生まれた、天馬ペガススにまたがり、ペルセウスは帰路についた。

　古代エチオピアの王ケフェウスと王妃カシオペヤには、アンドロメダ姫というむすめがいた。カシオペヤが「アンドロメダは海の妖精ネレイドよりも美しいのよ」と自慢したため、「孫むすめをけなすとは」と海の神ポセイドンは怒って、エチオピアの海岸にお化けくじらをさしむけた。大あばれするお化けくじらに困りはてたケフェウス王が、神のお告げを聞きにいくと、「アンドロメダ姫をささげなさい」といわれ、

アンドロメダ姫を助けにお化けくじらと戦うペルセウスをえがいた1515年の絵画　©AKG/PPS

泣く泣くアンドロメダをいけにえとして海岸の岩にくさりでつないだ。お化けくじらがアンドロメダに今にもおそいかかろうとしたとき、メデューサを退治し、ペガススにまたがったペルセウスが通りかかったのだった。

　ペルセウスは、アンドロメダ姫を助けるために、袋からメデューサの首をとりだし、お化けくじらにつきつけた。すると、お化けくじらは、またたく間に石となり、海にしずんでいった。お化けくじらは天にのぼり、くじら座になった。こうしてペルセウスはアンドロメダ姫を助け、ふたりは恋におちて結婚したのだった。

★ 冬の星座の神話

★冬の星座の王、狩人オリオン（オリオン座・さそり座）

　海の神ポセイドンの子であるオリオンは、大きなからだをもった美しい青年で、海の上でも陸と同じように歩くことができた。また、オリオンは力が強く、うでのよい狩人だったが、それを自慢とするようになったため、大地の女神ガイアは怒って大きなサソリをオリオンにさしむけた。サソリはオリオンに、毒ばりをつきさしたため、さすがのオリオンもからだに毒がまわって、ついに死んでしまった。手がらをあげたサソリは星座となり空にのぼった。オリオンもまた星座となったが、さそり座が東の空にのぼってくる前に、まるでおそれているかのように、そそくさと西の空に逃げこんでしまう。

　また、オリオンはプレアデスと呼ばれる7人の姉妹に恋をして、追いかけまわしていた。プレアデスは空にのぼってプレアデス星団（すばる）になったが、星になったいまでもオリオンは姉妹たちを追いかけて星空を回っている。

こん棒と毛皮を手にしたオリオン。このオリオンは、裏返しにえがかれている（☞ 16ページ）©Mary Evans/PPS

7 星座と神話

誕生日によって12の誕生星座をふりわけて、運勢などを占う星座占いはテレビや雑誌でおなじみだ。88個ある星座のなかでも有名な12個の星座についてみてみよう。

　古代の天文学は、天体観測による星の動きで国家や権力者の運命を占う占星術と結びついて発展した。

　現代では占星術が科学的でないことは明らかだが、12個の誕生星座の名前は、今もよく知られている。これらの星座はギリシャ神話の味わい深いキャラクターでもある。

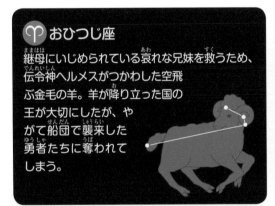

♈ おひつじ座

継母にいじめられている哀れな兄妹を救うため、伝令神ヘルメスがつかわした空飛ぶ金毛の羊。羊が降り立った国の王が大切にしたが、やがて船団で襲来した勇者たちに奪われてしまう。

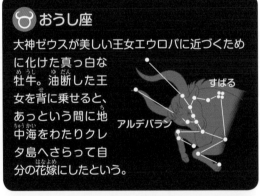

♉ おうし座

大神ゼウスが美しい王女エウロパに近づくために化けた真っ白な牡牛。油断した王女を背に乗せると、あっという間に地中海をわたりクレタ島へさらって自分の花嫁にしたという。

すばる

アルデバラン

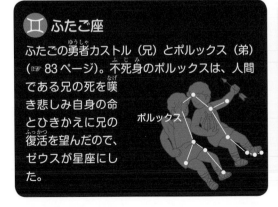

♊ ふたご座

ふたごの勇者カストル（兄）とポルックス（弟）（☞83ページ）。不死身のポルックスは、人間である兄の死を嘆き悲しみ自身の命とひきかえに兄の復活を望んだので、ゼウスが星座にした。

ポルックス

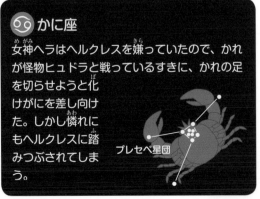

♋ かに座

女神ヘラはヘルクレスを嫌っていたので、かれが怪物ヒュドラと戦っているすきに、かれの足を切らせようと化けがにを差し向けた。しかし憐れにもヘルクレスに踏みつぶされてしまう。

プレセペ星団

♌ しし座

自分の罪をつぐなうためにエウリュステウス王の命じる困難な10の冒険に挑むことになった勇者ヘルクレスが、一番初めに成し遂げたのがネメアの谷の獅子退治。獅子は怪力でしめ殺された。

レグルス

♍ おとめ座

死後の世界である冥界の王プルートに娘をさらわれた農耕神デーメーテールの姿。ゼウスが年に8カ月だけ娘と暮らすことを許したので、娘が冥界に戻る時期の地上は冬になるという。

スピカ

♎ てんびん座

神がみが人間に愛想をつかして天上界へ帰るなか、ただひとり人間に正義を説いた女神アストラエアだったが、ついに人間に失望して天上に帰るとき地上に残していった天秤。

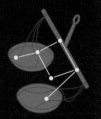

♏ さそり座

オリオンにとどめをさした手がらで星座になった（☞89ページ）。南の地平線近くに目立つS字は日本でも鯛つり星、魚つり星と呼ばれ、赤い1等星アンタレスは赤星や酒酔い星という別名をもつ。

アンタレス

♐ いて座

誠実で教養と勇気もある半人半馬ケイロンは不死身だったが、ヘルクレスの放った毒矢に誤って射られ、苦しみに耐えかねて大神ゼウスに死を乞うた。ゼウスはその死を惜しんで星座にした。

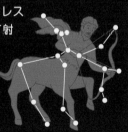

♑ やぎ座

ナイル川岸で神がみが会食していると、突然、怪物テュフォンが現れた。酔っていた牧神パンは慌てて逃げようとして、上半身が山羊、下半身が魚の姿に変身してしまった。その姿が星座になった。

♒ みずがめ座

その美しさゆえに、人鷲に化身したゼウスにさらわれた美少年ガニュメデスがみずがめを持つ姿。まわりには水にまつわる星座が多いが、すぐそばのわし座は、ゼウスが化けた大鷲だという。

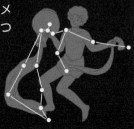

♓ うお座

美の女神アフロディテとその子エロスが川岸を歩いていたところ、突然、怪物テュフォンが現れ、驚いた2人は魚になり、はぐれないようひもをつけて逃げたという。

▶▶▶ ひこ星が織ひめ星から　逃げてるって知ってた？

　七夕伝説では7月7日の夜、織ひめ星とひこ星が1年に一度、天の川をわたって出会うというストーリーが有名である。しかし、この2つの星の間の距離は約15光年も離れている。1光年は光が1年かかって進む距離のことで、約9兆4600億km。15光年は約140兆kmだ。この世で一番速い光のスピードで行っても15年もかかるのだから1年に一度会うなんてとてもむりだ。そもそも星座をつくる星は動かないのだから、もちろん伝説の中での話である。

　ところが、じつはとてつもなく長い時間でみると、星も動いているのだ。動く方向は、星ひとつひとつによって違うので、何万年という長い時をかけて星座の形は少しずつ変わっていく。もしかすると織ひめ星とひこ星の動きは、おたがいに近づく方向に移動しているのでは？と期待したくなってしまうが、残念ながらそうではなさそうだ。織ひめ星とひこ星の動きはどちらも天の川にそってほぼ同じ方向に進んでいるからだ。しかも、ひこ星の動きは織ひめ星からそーっと離れるように、ほんの少しずつ離れる方向に移動している。どうやら今後も2つの星が出会うことはなさそうだ。

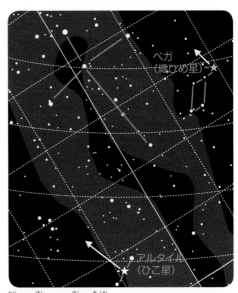

織ひめ星とひこ星は矢印の向きにそって動いていく

▶▶▶ 織ひめ星の天文話

　織ひめ星ベガは0等級の白い星だ。かつては、ベガが等級の基準だった。しかし、赤外線で観測すると明るいことや、明るさが変化することがわかり、基準にしないことになった。

　後に、織ひめ星のまわりには、暖かいチリの雲がとりまいていることがわかった。これが赤外線を強く出している原因だ。これは、太陽系ができる前のようすに似ている。地球や木星の赤ちゃんにあたるものがベガのまわりにあったのだ。

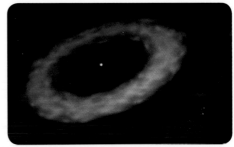

ベガの想像図 ©SPL/PPS

Q1 チェック

冬の大六角（冬のダイヤモンド）にない1等星はどれか。

①ポルックス　②シリウス　③カノープス　④アルデバラン

Q2 チェック

次の星座は何座か。

①はくちょう座　②はと座
③わし座　　　　④からす座

Q3 チェック

ギリシャ神話でエチオピアのケフェウス王とカシオペヤ王妃の間には、美しい娘がいた。その娘の名前は次のうちどれか。

①プレアデス　②ヒアデス　③アンドロメダ　④エリダヌス

Q4 チェック

Aの位置にあった北斗七星が、気づくとBの位置まで動いていた。いったい何時間たったと考えられるか。

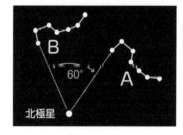

北極星

①1時間30分　②4時間
③6時間　　　　④12時間

Q5 チェック

次のうち、一番暗い星はどれか。

①6等星　②3等星　③0等星　④－3等星

Q6 チェック

写真の天体の名前は次のうちどれか。

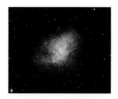

①大マゼラン雲　②オリオン大星雲
③環状星雲M57　④かに星雲

解答・解説はウラ

A1 ③ カノープス

解説▶▶▶カノープスは、おおいぬ座のシリウスに次いで全天で2番目に明るい星だ。しかし、冬の大三角にも、冬の大六角（冬のダイヤモンド）にも含まれない。本州では地平線近くに見える。

A2 ① はくちょう座

解説▶▶▶夏の夜空の天の川に、大きく羽を広げた白鳥の姿。夏の大三角の1つとなるデネブははくちょう座の星で、白鳥の尾の意味がある。大きな十字架の形に見えることから南十字星に対して北十字とも呼ばれる。

A3 ③ アンドロメダ

解説▶▶▶アンドロメダと、ペルセウスのお話は有名だ。ギリシャ神話では、プレアデスとヒアデスは、ともに7人姉妹とされていて、異母姉妹の関係である。プレアデス星団とヒアデス星団（☞102ページ）は、おうし座にある。エリダヌスは、川の名前。エリダヌス座という名の星座がある。

A4 ② 4時間

解説▶▶▶星座は1時間に15°動く。60°÷15°＝4で、4時間経過していることがわかる。北斗七星は24時間で北極星を一回りする。

A5 ① 6等星

解説▶▶▶古代天文学者ヒッパルコスは、一番明るい星を1等星、肉眼で見える一番暗い星を6等星とし、1等星は6等星よりも100倍明るいと決めた。その後、さらに細かく決まりができ、平均的な1等星よりも明るい星を0等星、－1等星……と呼ぶようになった。太陽は－27等星である。

A6 ④ かに星雲

解説▶▶▶星雲とは輝いた雲のように見える天体。かに星雲はおうし座にある星雲で、恒星がその生涯を終えるとき大爆発した残骸。③環状星雲M57（☞101ページ）も恒星が死にゆくときに生まれている。一方、①大マゼラン雲（☞106ページ）は無数の星が集まったもの。②オリオン大星雲（☞100ページ）はガスが集まった星雲で、恒星が生まれている場所である。

5章

TEXTBOOK FOR ASTRONOMY-SPACE TEST

～星と銀河の世界～

★ 天の川を見てみよう

天の川を見てみよう。よく晴れた夜に街の明かりの届かないところに行くと、ぼんやりと天を横切る川のような淡い光の帯を見ることができる。この写真は南半球から見た天の川だ。右上から左下に向かって光の帯が夜空を横切っているようすがわかる。天の川の中央に黒く見えるのは冷たいガスのかたまり、暗黒星雲だ。天の川の正体はいったい何だろうか。

天の川の左下に見える真っ黒な領域は、コールサック（石炭袋）と呼ばれている。全天で最も目立つ暗黒星雲だ。宮沢賢治の小説「銀河鉄道の夜」では、カムパネルラが「あ、あすこ石炭袋だよ。そらの孔だよ」と言って指さす場面がある。

コールサック
（石炭袋）

© 国立天文台

096

中央右寄りに、さそり座が見えている。北半球で見るのとは
星座の形が上下さかさまになっているのがわかるだろうか。

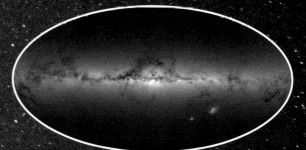

欧州宇宙機関（ESA）の宇宙望遠鏡「ガイア」のデータがえがき
出した天の川銀河、（銀河系）。17億の星の位置と明るさを観測し
ている。©ESA / Gaia.

1 いろいろな星まで旅をしてみよう

現在では、測定により肉眼で見える星のほとんどは、地球からの距離がわかるようになった。では、今からちょっと地球を出発して、いろいろな星まで旅をしてみよう。

1 太陽系に一番近い恒星は？

光の速さで地球を飛び出すことができたなら、あっという間に月や太陽を通りすぎ、太陽系のはしっこを飛んでいるボイジャー1号には16時間程度でたどりつく（☞6ページ）。しかし、その先が遠い。太陽系の外にある恒星（☞14ページ）で一番近いのがケンタウルス座のアルファ星だ。およそ4.3光年離れている。つまり、光の速さで4.3年かかる。言いかえると、私たちが見ているケンタウルス座のアルファ星の輝きは今からおよそ4年前の姿を見ているということになる。今見えている星の輝きが、過去に出発した光だと思うと、なんだかふしぎに思えるかもしれない。ちなみに、夏の夜空に見られる、はくちょう座のデネブまでは光の速さでもおよそ1800年もかかるのだ。

1光年はざっと1万光時

1光年は、9兆4600億kmだ。ざっと10兆kmと覚えておくとよい。
太陽系で一番太陽から遠い惑星の海王星までは、光で4時間かかる距離、つまり4光時だ。
1年の長さを時間で表すと1日が24時間、1年は約365日なので
　24 × 365 = 8760で、約8760時間、ざっと9000時間
　あるいは1年は1万時間くらいと覚えてもよい。
　なので、1光年は1万光時くらいだ。
海王星までは4光時くらいなので、光年でみると
　4 ÷ 10000で、2500分の1光年にしかならない。
いままで一番遠くまで行った宇宙船は1977年に打ち上げられたボイジャー1号だ。これは地球からおよそ16光時の位置にある。一番近い恒星、ケンタウルス座のアルファ星までは4.3光年だ。つまり、ケンタウルス座のアルファ星は、ボイジャー1号よりも2000倍以上遠いということになる。

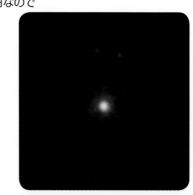

図表 5-1　ケンタウルス座のアルファ星
© NASA

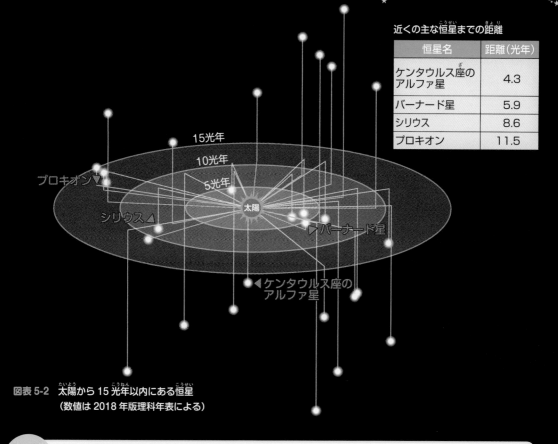

近くの主な恒星までの距離

恒星名	距離（光年）
ケンタウルス座の アルファ星	4.3
バーナード星	5.9
シリウス	8.6
プロキオン	11.5

15光年

10光年

5光年

太陽

プロキオン▼

シリウス△

▷バーナード星

◀ケンタウルス座の
アルファ星

図表 5-2　太陽から 15 光年以内にある恒星
（数値は 2018 年版理科年表による）

② 星座が見つからない?!

　もし、オリオン座のベテルギウスのような遠い星まで宇宙船で行けたら、まどからは見慣れない星座が見えるだろう。なぜなら、星座は地球上から見上げた星のならびを形にしたものだからだ。実際は、星ぼしは宇宙空間に立体的に位置している。そのため、たとえばオリオン座も地球から離れるにつれてまったく違う形になっていく。もし、遠く離れた惑星に宇宙人がいたら、私たちとはまったく違う形の星座をつくっているだろう。

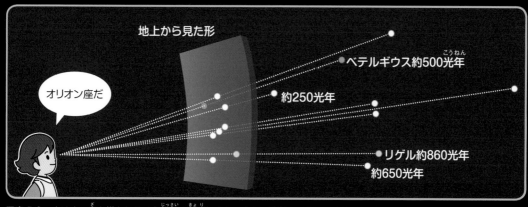

地上から見た形

オリオン座だ

ベテルギウス約500光年

約250光年

リゲル約860光年

約650光年

図表 5-3　オリオン座を横から見ると実際の距離はまちまちだ（数値は 2018 年版理科年表による）

2 絵画のような星雲の世界

5章

> 夜空には、星の他にも、光のシミや黒い雲のようなものがあちこちにある。これが星雲だ。星雲のなかには、肉眼でも見えるものもある。星雲はどんなものだろうか。

1 宇宙に羽ばたく鳥、オリオン大星雲

　星雲のなかでも、とくにわかりやすいのがオリオン大星雲だ（図表5-4）。オリオン座の三ツ星の下にあり、都会を離れた場所では、肉眼でモヤッとした感じに見える。また、都会でも双眼鏡があればその姿がとらえられる。

　オリオン大星雲は、目で見ると白っぽい光だが、写真を撮ると、赤からピンク色の光と黒っぽい雲が入り混じったように写り、まるで、鳥が羽をひろげているようにみえ、とても美しい。

　この赤からピンク色の光は、宇宙をただよう水素のガスが、星の光を受けて光っているものである。黒っぽい雲は、宇宙をただようガスやチリが濃いところで、光をさえぎって黒く見えるのだ。また、青っぽく見えるシミのようなところは、強い星の光によってガスやチリが青空のように輝いているところだ。このように、星雲といっても、さまざまな見え方がある。

　光り輝く星雲のそばには、必ず明るい星がある。また、**暗黒星雲**は、そのガスやチリが集まって、星が生まれる場所だ。星のお母さ

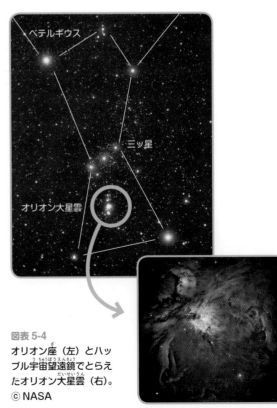

図表 5-4
オリオン座（左）とハッブル宇宙望遠鏡でとらえたオリオン大星雲（右）。
© NASA

んともいえる。

　オリオン大星雲では、星のお母さんと、星の赤ちゃん、そして赤ちゃん星に照らされたお母さんの身体が入り混じった場所なのだ。宇宙には、オリオン大星雲のような場所が他にもたくさんある。

② 宇宙のしゃぼん玉、こと座の環状星雲

　オリオン大星雲は星が生まれている場所だが、星が死んでいくときにも星雲ができる。
　こと座のなかにある環状星雲は、星が死んでいくときに、自分の身体をつくるガスを宇宙にはき出した、巨大なシャボン玉のような星雲だ。中心には星が残っていて、その光が星雲を照らしている。環状星雲は、じつは「短いちくわ」のような形をしている。地球からは「ちくわ」の穴を見通すようになっている。ただ、穴の中は何もないわけでなく、ガスが強く吐き出されていてチリがあまりたまらない。これがリングのように真ん中がうすい理由だ。星から離れていくと、距離によって星の光の強さが違い、違う色の光を出している。
　望遠鏡で見ると、色の違いはわからないが、穴があいているようには見える。
　環状星雲のような星雲を、その姿から**惑星状星雲**という。「惑星」といっても、地球のような惑星とは関係はなく、望遠鏡で見た感じが似ているというだけだ。少しややこしい。

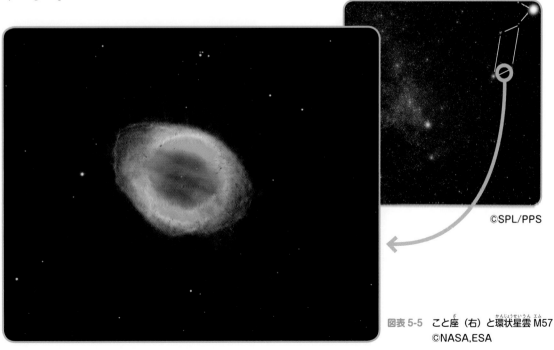

図表 5-5　こと座（右）と環状星雲 M57

5章　星と銀河の世界

3 宝石箱のような星団たち

夜空のあちこちに、星が集中している場所がある。その多くは星団といい、星座と異なり、宇宙のかたすみに星が集まっているのだ。星団には散開星団と球状星団がある。

1 仲の良い星のきょうだい、散開星団

たくさんの恒星が群れている天体が、夜空のあちこちにある。こうした天体を、星団という。

星団は星が後から集まったのではなく、もともとたくさんの星が、星雲のなかでいっせいに生まれたきょうだいだ。星団は時間がたつとだんだんとばらばらになっていく。太陽も昔は、何かの星団のメンバーだったが、いまではきょうだいがどこにいるのか、わからなくなってしまった。

星団には大きくわけて2種類ある。ひとつは、数十個から千個ほどの星がゆるやかに集まっている**散開星団**。

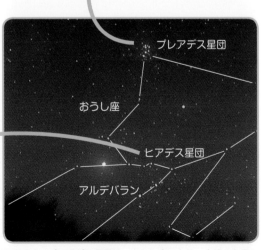

図表 5-6　プレアデス星団は、おうし座にあり、肉眼でも見つけることができる。　ⒸNASA

もうひとつはボールのように数万から数百万個もの星が集中している**球状星団**だ。

　散開星団のいくつかは、肉眼で楽しめる。とくに目立つのが、おうし座にあるヒアデス星団とプレアデス星団（図表5-6）だ。

　おうし座は、オリオン座の西となりにある。ヒアデス星団は三ツ星を右上に延長したところにあるアルデバランが目印だ。このオレンジ色の1等星のあたりにVの字型にならぶのがヒアデス星団だ。距離は160光年で、地球の一番近くにある散開星団だ。

　プレアデス星団は、ヒアデス星団の近くに見える。すばるという言葉を聞いたことがあるだろうか。すばるとはプレアデス星団の古くからある日本語の名だ。肉眼で見ると、空の一角がボヤーっとシミのように見え、さらによく見ると4〜7個くらいの星に分解して見える。双眼鏡で見ると、たくさんの星が視野いっぱいにばらまかれ、とても美しい（図表5-6）。すばるを写真に撮影すると、100個程度の星が集まっていることがわかる。距離は410光年だ。写真ではプレアデス星団の星々のまわりに青っぽい星雲が写る。これは、星雲がたまたまプレアデス星団のそばを通っているためだ。

② 巨大な星のマンション、球状星団

　球状星団は、直径10光年ほどのなかに、数万〜数百万個もの恒星が、まるでボールのように集まっていて、中心ほど密集している。地球の周囲の10光年には、10個くらいの恒星しかないので、いかにぎっしり集まっているかがわかるだろう。あまりに恒星が集まりすぎているために、恒星どうしが衝突合体することもあるのだ。

　球状星団のなかには、肉眼で見えるものもある。ケンタウルス座のオメガ星団は4等星の星で、肉眼で見える明るさだが、本州では低空にあり見えにくい。南半球の郊外では夜空にボーッと見える。また、M13やM4などは6等星くらいで、双眼鏡でじゅうぶん見られる。恒星が集まっているようすを見るには望遠鏡が必要だ。見ると黒い紙のうえにまるで銀の粉をばらまいたようにみえる。

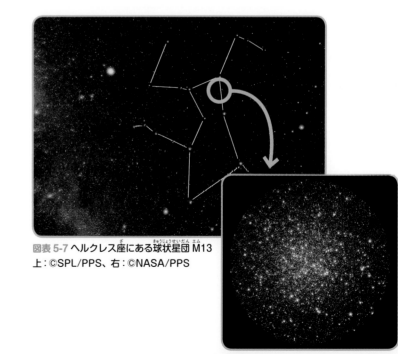

図表 5-7 ヘルクレス座にある球状星団 M13
上：©SPL/PPS、右：©NASA/PPS

④ 天の川の正体

　天の川の正体をさぐろう。まず、天の川がどこまで続いているのかを調べてみる。すると、地平線の下にも天の川があり、地球をぐるりと取りまいているのがわかる。しかし、天の川は環のようなものではない。望遠鏡で見ると、天の川はたくさんの星でできていることがわかる。そして、それぞれの星までの距離はまちまちだ。くわしく星の分布を調べていくと、天の川はひらべったい円盤のようなものだということがわかる。そして、私たちの地球や太陽も、天の川の円盤の一部なのだ。これを天の川銀河とか銀河系という。天の川銀河には２千億個もの恒星があることがわかっている。つまり、天の川とは私たちが住んでいる天の川銀河を内側から見た姿だったのだ。

星団

星雲

天の川をぐるりと見わたすと、他にもいろいろなことがわかる。

たとえば、天の川のなかには、星雲や散開星団がとくに多くふくまれている。天の川のなかには黒っぽい帯のようなものが見えるが、これは暗黒星雲が連なっているのだ。

また、夏に見られる天の川は、織りひめ星やひこ星、そして、さそり座やいて座の方向などがとくに明るく星が多く集まっている。いなかにいって天の川を見るなら、夏がおすすめだ。

反対に、冬の天の川はオリオン座のすぐわきにあるのだが、あまり目立たない。これは、私たちが天の川、つまり天の川銀河の中心にいないということである。夏の天の川の方向が、天の川銀河の中心方向で、星が多く、天の川が明るい。反対の冬の方向は天の川銀河の外側を見ているのだ。天の川銀河の中心は、夏の星座、さそり座のとなりのいて座のあたりにある。

また、もし、天の川銀河をはるか遠くから見たら、渦を巻いた円盤として見えるだろう。

天の川銀河（銀河系）·中心

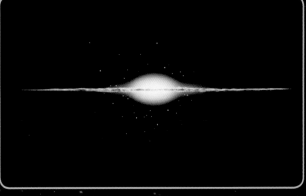

真横から見た天の川銀河（銀河系）の想像図 ⓒSPL／PPS

5 銀河探検に出かけよう

広大な宇宙に目を向けると、私たちの住む天の川銀河（銀河系）の外側には無数の銀河が散らばっている。銀河をくわしく見ていくと、さまざまな銀河があることがわかる。

1 目で見える銀河たち

銀河は、数十億〜1兆個以上の恒星が集まった星の大集団だ。銀河の中には、星団も星雲もたくさんふくまれている。そんな巨大な天体の銀河が、宇宙に何千億個とあることがわかっている。そのほとんどは、望遠鏡でも見えないほど遠くにある。

しかし、肉眼で見えるものも3つある。それがアンドロメダ銀河、大マゼラン雲、小マゼラン雲である。このうち大・小マゼラン雲は天の川銀河（銀河系）のすぐそばにある銀河だ。ただし、天の南極のすぐそばにあるため、日本では見られない。オーストラリアやインドネシアに行ったら見てみたい天体だ。

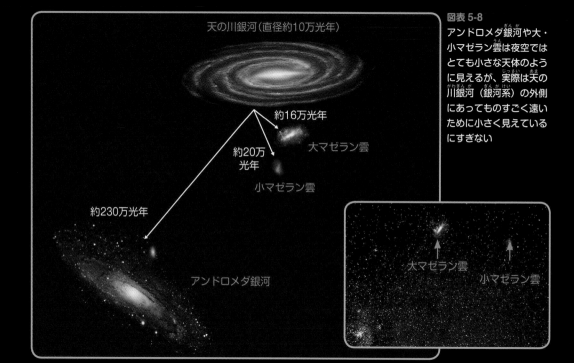

天の川銀河（直径約10万光年）

約16万光年

大マゼラン雲

約20万光年

小マゼラン雲

約230万光年

アンドロメダ銀河

大マゼラン雲　小マゼラン雲

図表 5-8
アンドロメダ銀河や大・小マゼラン雲は夜空ではとても小さな天体のように見えるが、実際は天の川銀河（銀河系）の外側にあってものすごく遠いために小さく見えているにすぎない

② 銀河ギャラリー

図表 5-9
おとめ座のだ円銀河 M87。
距離：5400 万光年。
非常に巨大な銀河で、天の川
銀河（銀河系）の 10 倍以上
の恒星がふくまれている。
©SPL/PPS

図表 5-10
りょうけん座の渦巻き銀河 M51（子持ち銀河と
呼ばれている）。
距離：2300 万光年。
天の川銀河（銀河系）を真上からみたら、こんな
姿をしているだろう。渦巻きの「うで」にそって
ピンク色の星雲が連なっている。上の小さなかた
まりは、他の小さな銀河が近づいたようす。
©SPL/PPS

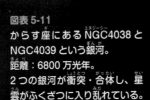

図表 5-12
ペガスス座にあるステファン
の五つ子銀河
距離：おおよそ 2 億光年
明るいひとつ以外は、同じ場
所にある銀河で、星団のよう
に集まっている。

図表 5-11
からす座にある NGC4038 と
NGC4039 という銀河。
距離：6800 万光年。
2 つの銀河が衝突・合体し、星
雲がふくざつに入り乱れている。

各銀河までの距離は NASA　NED データベースによる

▸▸▸ 宇宙ステーションを見てみよう

　みなさんは**国際宇宙ステーション**（以下、**ISS**）を見たことがあるだろうか？ ISSは地上から400km上空というまさに宇宙にあるため、地上からは見えるわけがないと思うかもしれない。しかし、夜空をながめていると、ときどき点滅せずに明るい光がすーっと夜空を横切っていくのを見つけることがある（点滅しているのは飛行機だろう）。それがISSだ。ISSは人工衛星のなかでも特別に明るく見える。

　ISSは夜明け前か、日没後だけに見える。なぜだろうか？ それは、ISSが太陽の光を反射して見えているからだ。山や建物が昼間見えるのと同じだ。そして、山や建物は、夜は太陽の光が当たらないから見えない。ISSも同じだ。ただ、ISSが違うのは地上から400kmと、エベレストの50倍も高いところにあることだ。地上では太陽の光が当たらなくても、高いところならしばらくは当たる。だから日が沈んだあともしばらくは見える。でも、真夜中となると太陽の光が届かないため見えないのだ。

　ISSはいつも決まった時刻に見られるわけではないため、WEBサイトであらかじめ予報を調べておくとよい。おすすめは、JAXA（宇宙航空研究開発機構）の宇宙ステーション・きぼう広報・情報センター（http：//kibo.tksc.jaxa.jp/）だ。ここでは、自分の住んでいる場所を指定すればISSが見ごろの日時や方角を教えてくれるので、それに合わせて空を見上げればよい。

　ゆっくりと夜空を飛んでいくあの輝きに宇宙飛行士たちがいて、もしかしたら宇宙からこっちを見ているかもしれないなどと思うとわくわくしてくるだろう。ISSはとても明るく、都会の空でも肉眼でかんたんに見つけることができるので、機会があれば、ぜひISSを見つけてほしい。

郡山市上空を通過するISSのようす。数秒間露出したコマを多数合成しているため、点線に見えているが、じっさいは点滅せず、ゆっくりと動いていく。

章末問題

Q1
チェック

すばる（プレアデス）は、次の何という種類に分類されているか。

①散開星団　②球状星団　③暗黒星雲　④天の川銀河（銀河系）

Q2
チェック

次の中で、天の川の説明として正しいものはどれか？

①天の川は上層の薄い雲がうっすらと光っているものである
②天の川は七夕の日になると消える
③天の川は南半球では見えない
④天の川は無数の星からできている

Q3
チェック

次の天体の中で、天の川銀河（銀河系）の中にないものはどれか？

①オリオン星雲　　　②プレアデス星団（すばる）
③アンドロメダ銀河　④こと座の環状星雲

Q4
チェック

太陽系に近い星をあげてみた。しかし、１つだけあやまって遠いものを入れてしまった。それはどれか。

①プロキオン　②デネブ　③シリウス　④ケンタウルス座アルファ星

Q5
チェック

国際宇宙ステーション（ISS）が地上から見える場所や時間は、インターネットで予報が発表されている。しかし、細かな予報は通過日が近づかないと知らされない。その理由として適当なものを選べ。

①太陽風に流されてしまうから　　　　　②ISSは飛行する軌道を修正するから
③国家機密なので公開に時間がかかるから　④気象状況で飛行ルートを変えるから

Q6
チェック

天の川銀河（銀河系）には何個ぐらいの恒星があるか。

①20万個　②2000万個　③20億個　④2000億個

解答・解説はウラ

109

A1 ① 散開星団

解説▶▶▶ すばるを双眼鏡で見ると、星がバラバラに散らばっているのがわかる。そのような星の集まりを散開星団という。すばるを長時間かけて写真にとると、星のまわりを星雲が囲んでいることもわかり、とても美しい。

A2 ④ 天の川は無数の星からできている

解説▶▶▶ 無数の星からできている天の川銀河（銀河系）の中に、地球は位置している。私たちは、この天の川銀河を内側から見ているので、天の川銀河の星が帯のように見えている。地球が所属している銀河を「天の川銀河」または「銀河系」と呼ぶことが多い。

A3 ③ アンドロメダ銀河

解説▶▶▶ 天の川銀河（銀河系）内にはガスの広がるさまざまな場所や、星が集まる場所がある。一方で、天の川銀河と同様に星の集まる「銀河」は、私たちの天の川銀河から離れたところに位置している。

A4 ② デネブ

解説▶▶▶ デネブ以外の星までの距離は15光年以内である。しかし、デネブまでは1800光年。それなのに同じくらいの明るさに見えているということは、デネブの元々の明るさは、けた違いに明るいということがわかる。

A5 ② ISSは飛行する軌道を修正するから

解説▶▶▶ ISSが回っている高度には、使われなくなった人工衛星やロケットの破片などの「宇宙のゴミ」（スペースデブリ）が、秒速数kmという速度でたくさん飛んでいる。これらを避けたり、地球の引力で少しずつ下がってしまう高度を上げたりと、たびたび軌道の修正をおこなう必要がある。そのため、予報は通過予定日が近くならないと発表できない。

A6 ④ 2000億個

解説▶▶▶ 宇宙には何千億個という数の銀河があり、銀河には恒星や星雲、星団などがたくさんふくまれている。私たちも、ある銀河の中にいる。地球や太陽がふくまれる銀河を天の川銀河（銀河系）と呼んでいる。天の川銀河には2000億個もの恒星があることがわかっている。太陽もその一つだ。

6章

TEXTBOOK FOR ASTRONOMY-SPACE TEST

~天体観察入門~

★ ブラックホールの影が見えた！

SF映画や小説にたびたび登場する謎に満ちた天体、ブラックホール。今まで誰も見たことがなかったその姿が、ついにとらえられた。2019年4月10日、日本・アメリカ・ヨーロッパ諸国の200名以上の科学者でつくる研究グループ「イベント・ホライズン・テレスコープ（EHT）」が記者会見を開き、ブラックホールの穴の撮影に成功したことを発表した。

オレンジ色の部分は、ブラックホールのまわりを回っているガスや塵が放つ光だ。その内側にぽっかりあいた黒い穴のような部分が、光さえも観測できないブラックホールの「影」と

リング状の明るい部分を見るためには視力300万というとてつもない性能が必要だった。これは地球から月面に置いたゴルフボールを見分ける視力に相当する。 ©EHT Collaboration

して写っている。

観測したのは楕円銀河 M87 の中心部だが、地球から 5500 万光年も離れているため、ブラックホールの見かけの半径は地球から月面に置いたゴルフボールを見た時の大きさとほぼ同じだ。ブラックホールの撮影は、地球上の 6 か所 8 施設にある電波望遠鏡を組み合わせ、直径約 1 万 km に相当する地球サイズの望遠鏡を作り出したことによって成功した。

©EHT Collaboration

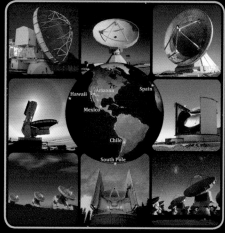

©EHT Collaboration

天体観察入門

EHT に参加したアルマ望遠鏡。南米チリ・アンデス山中に設置する 66 台の電波望遠鏡で宇宙を探査する。日本を含む 22 の国と地域が協力しあって運用している。
© 国立天文台

人類初のブラックホール撮影成功のニュースは 2019 年 4 月 10 日に世界同時発表され、東京の他、アメリカのワシントンや中国・上海、ベルギーのブリュッセルなど 6 か所で同時に記者会見が開かれた。
© 梅本真由美

星と仲良くなる コツ

6章 ①

星を見るときにもちょっとしたコツを知っていたり、見るための工夫をすることで、見え方がずいぶん違ったり、星座も見つけやすくなる。

① 星と待ち合わせをしよう

友だちと遊ぶときは「何時にどこで待ってるね」と、待ち合わせをするだろう。星と会うためにも時間と場所を決めておくことが大事だ。その季節に見ごろの星座は夜8時くらいに外に出ると見つけやすいものを指す。だからといって、夏の星座として有名なさそり座が冬に絶対見つからないわけではない。一晩中星空をながめていれば、少しずつ星座は移動し、明け方になると見える場合もある。

場所選びのポイントは、空全体が見わたせる開けたところで見ることが大切だ。また、なるべく暗いところをさがすことだ。ただし、暗い場所へ行くときは、大人もいっしょに行くようにしよう。そういう場所がなければ、電気を消してみるとか、街灯や自動販売機のない場所に行くなど、ちょっとの工夫でずいぶん星の見え方は変わってくる。

図表 6-1　星をみるための工夫

② じーっと夜空を見ていると……

図表6-2に猫（ねこ）の絵がある。さて、夜の猫はどっちだろう？ 正解は右の猫だ。黒目が大きく見開かれている。人間の目も同じような働きをもっていて、暗い所に行くと、しだいに物が見えてくる。これを暗順応（あんじゅんのう）という。

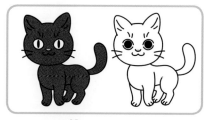

図表 6-2　夜の猫（ねこ）はどっち？

ただし、目が慣（な）れるにはしばらく時間がかかる。明るいところから急に暗い場所に行くと、まわりがよく見えないことがないだろうか？ 星を観察（かんさつ）するときも、明るい場所からいきなり夜空を見ても星が見つからないときがある。そんなときは、あきらめないで10〜15分ほどは、ぼーっと夜空をながめていると見えるようになる。でも、せっかく目が慣れたところで車のヘッドライトなどを見てしまうと元（もと）にもどって台無（だいな）しだ。携帯電話（けいたい）の光も意外（いがい）に明るいので注意しよう。灯（あか）りが必要（ひつよう）なときは、ハンカチなどをかぶせたかいちゅう電灯（でんとう）がオススメだ。

③ 南は夜空のメインストリート

星は時間とともに少しずつ動いていく。太陽や月と同じように、東からのぼり、南で一番高い場所にやってきて、西へしずむ。つまり、南が夜空のメインストリート。南で星座（せいざ）は一番見やすくなるのだ。だから、南を向いて夜空をながめると、季節の星座が一番見つけやすくなる。ただし、おおぐま座やカシオペヤ座など北の空にずーっといる星座もある。

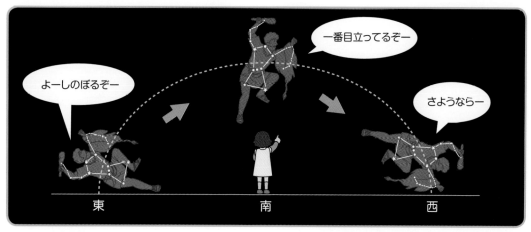

図表 6-3　星の動き方

② 星座早見ばんの使い方

星座をさがすときに便利なのが星座早見ばんだ。ちょっとした使いかたを知ることで、すぐに使えるようになるので、ぜひともマスターしよう。

① 日付と時刻を合わせる

　星座早見ばんは、クルクルと回るようになっていて、まわりにはカレンダーのように日付が書いてある部分と、時計のように時刻が書いてある部分とがある。ここをあわせることで見たい日時の星空がすぐにわかる。

　たとえば、7月7日の夜8時の星空を見たい場合には、日付の7月7日の目もりと、時刻の8時（20時）の目もりをぴったりあわせる。

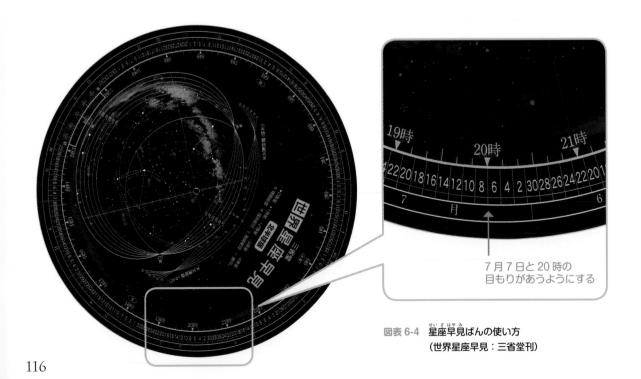

7月7日と20時の
目もりがあうようにする

図表 6-4　星座早見ばんの使い方
（世界星座早見：三省堂刊）

2 あれ? 西が東?!

星座早見ばんには、星座がえがかれている丸い（だ円の）窓のまわりに方角が書いてある。しかし、よく見てみると、東西の位置が通常の地図とは逆である。「あれ？」と思うかもしれないが、星座早見ばんは、見下ろして使う地図と違い、見上げて使うのでさかさまになるのだ。星座早見ばんには星のことが書いてあるので、空にかざしてみよう。通常の星座早見ばんでは南が下になっているので、南を向いて星座早見ばんを空にかざすと、ちゃんと方角が合っているはずだ。

図表 6-5　北の空を見るときは星座早見ばんを上下逆さに持つとよい

3 月や惑星がない!?

星座早見ばんで注意することがある。それは、月と惑星の位置はえがかれていないということだ。理由は月と惑星は星座の星たちとは違い、日々、年々その位置を変えていくからだ。星座の星が動くのは、地球が動いているからだ。そのため、星座の形がバラバラになることはない。月や惑星は、その中を泳ぐように移動していくため、星座早見ばんにはえがけないのだ（☞6章5節）。

今では、パソコンのソフトやスマートフォンのアプリなどでも今夜の星空を調べることができる。これなら月や惑星の位置はもちろん、さまざまな情報がかんたんに手に入る。

図表 6-6　星座早見ばん以外にも今夜の星空を調べる方法はいくつかある

3 星空観察へ出発！

夜空を見上げて「あの星は何だろう？」と思いめぐらせたり、「きれいだなー」と見とれることはないだろうか？ 少しでも気になったら、星を見るという目的をもって外に出てみよう。一人で楽しむ、友だちと楽しむ、天体観察会に参加するなど、いろいろな楽しみ方がある。

1 出かける前に

まず調べておきたいものは天気だ。星が見たいのにくもっていたり、雨がふっていては話にならない。それから月齢（☞1章1節）も大事だ。月も毎日少しずつ形と場所を変えていくので、月が見たいのに見つからないとか、また、天の川を観察したいのに満月が明るすぎてよく見えないということがないようにしよう。天気や月齢は新聞やインターネット、またはスマートフォンのアプリなどで調べることができる。

7月
5日
○ 月齢 15.5

友引

（東京）
（大潮）

日出 4時30分　日入 19時01分
月出 19時59分　月入 5時53分

図表 6-7　新聞の月齢欄

2 どこに行けばいいの？

やはり街灯りのない、まわりが開けた場所へ行くのがよいだろう。夏休みなどに山や海へ行く機会があれば絶好のチャンスだ。しかし、気軽に楽しむのであれば、家のベランダや、庭、近くの公園などでも十分である。月や惑星、明るい星であれば市街でも見つけることができる。ただし、できるだけ暗い場所で観察することが大切だ。

家の近くに星を見るためのお気に入りの場所を見つけるのも楽しい。自分だけの天文台をつくっておけば、南には○○ビルが見えて、西には△△デパートがある、など方角の確認も慣れてくる。

なるべく
家の電気は消して
見よう

デパート

南

ビル

東

西

いつも決まった場所で見るようにして
自分だけの天文台をつくるのもたのしい

図表 6-8　星空観察する場所を見つける

3　星空観察 7 つ道具

星座早見ばん
星座を見つけるために
便利だ

コンパス
方角がわかる

かいちゅう電灯
ハンカチなどをかぶせる。
赤いセロファンを貼ってもよい。

うわぎ
夏の夜も冷えるので忘れず
に持っていこう

時計
バックライト機能が
ついているとさらによい

いすやレジャーシート
ずっと上を見ているとつかれるので
楽なしせいで見よう

**双眼鏡と
天体望遠鏡**
さらに星空観察が
楽しくなる

図表 6-9　星空観察 7 つ道具

　そのまま外に出て星をさがすのもよいが、せっかくなので少しだけ準備をしておこう。なくてはならない、というわけではないが、あると便利な道具ばかりだ。

　その他、夏の夜は蚊の対策が大切なので、虫よけスプレーも忘れずに用意しておきたい。また、おかしや飲み物なども星空観察をさらに楽しくしてくれる。ゴミは必ず持ち帰るよう、ゴミ袋を用意しよう。

4 星空観察のテクニック

夜空を見上げても、なかなかお目当ての星が見つからなかったりすることがある。ここでは星座や流れ星をうまくさがす方法を紹介しよう。

1 手は夜空のものさし

「あの星は向こうのビルの上の方にある」と言っても、どれくらいの高さにあるかわからない。そんなときは、自分の体を使って測ることができる。まずは、まっすぐにうでをつき出して、ジャンケンのグーをしたときのにぎりこぶしが10°と覚えておこう。グーを重ねていけば、だいたい9個で真上にくるはずだ。これさえ覚えておけば、となりにいる友だちにも「にぎりこぶし3つ分上だよ」などとかんたんに教えることができる。

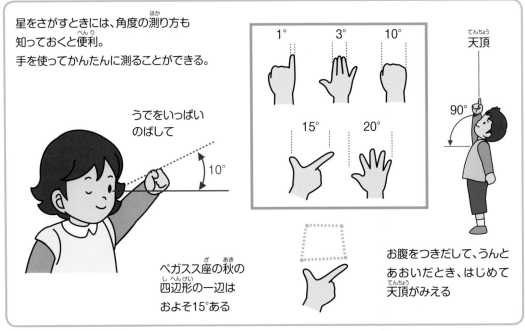

星をさがすときには、角度の測り方も知っておくと便利。
手を使ってかんたんに測ることができる。

うでをいっぱいのばして
10°

1°　3°　10°

15°　20°

ペガスス座の秋の四辺形の一辺はおよそ15°ある

天頂

90°

お腹をつきだして、うんとあおいだとき、はじめて天頂がみえる

図表6-10　手のものさしの使い方

② 流れ星をたくさん見つける工夫

　流れ星は、だれでも肉眼でかんたんに見ることができる。少しでも多くの流れ星を見るためには、寝転がって見ることだ。レジャーシートなどをしいて、あお向けに寝れば首がつかれない。双眼鏡や望遠鏡は流れ星の観察には向いていない。空のどこにいつ流れるかわからないし、拡大して見るものではないからだ。あとは普通に星空観察をする場合と同

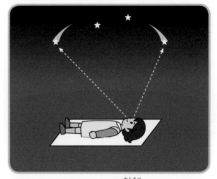

図表 6-11　あお向けで星空観察

じだ。流星群の場合でも流れ星は空のあちこちで見える。そして、暗い流れ星ほど数多く流れる。

　流星群の見ごろについては3章5節②を見よう。

③ 科学館や公開天文台をチェック!

　いきなり星空観察! といっても、星座のさがし方がわからなかったり、不安なこともあるだろう。そういうとき、まずは近くの科学館や公開天文台の情報を調べてみよう。定期的に天体観察会などをおこなっていることが少なくない。星にくわしい職員さんがわかりやすく教えていたり、大きな天体望遠鏡で神秘的な宇宙の姿をのぞかせてくれたりする。星空観察のクラブで仲間を見つけられる場合もある。

図表 6-12　天体観察会のようす

5 惑星を見よう

夜空で光っているものには星座を形づくる星ぼし以外にも月や惑星がある。惑星の中でも水星・金星・火星・木星・土星の五惑星は望遠鏡を使わずに肉眼でも見ることができる。見つけるコツ、見られる時期を調べて観察しよう。

1 星と惑星、夜空で見分けられる?

　もし星空に惑星がまぎれこんでいたら、さがしだせるだろうか。見分け方のひとつは、**他の星より明るい**ことだ。金星や木星は、他の星ぼしよりもずばぬけて明るい。火星は赤またはオレンジ色っぽく見えて、明るいときには1等星（☞4章2節）よりも目立つ。土星は1等星と同じくらいの明るさだ。そして、惑星は、**あまりまたたかない**。他の星がきらきらとまたたいて見えるのに対して、どっしりと光って見える。

　また、**日没後や日の出前のわずかな時間しか見ることのできない惑星がある**のも見分け方のひとつだ。金星と水星は夕方の西の空か、明け方の東の空でしか見られない。

図表6-13　夕空の金星と木星 ⓒ Science Source/PPS

もし夕方の西空か明け方の東空でひとき目立つ星を見つけたら、それは金星の可能性が高い。水星は金星ほど明るく見えない。他の見分け方としては、星座早見ばん（☞6章2節）にはえがかれていないことだ。なぜなら

図表 6-14　2020 年〜2021 年の火星の動き

惑星は他の星とは異なる動きをするから。星座は時がたってもその形を変えないが、惑星は毎年見える場所が変わる。1カ月以上観察しているとその位置が少しずつ変わっていくことに気がつくだろう。そのため、星座早見ばんにはえがかれていないのだ。

2　いつ見える?

「宵の明星」「明けの明星」という呼び名を聞いたことはあるだろうか。これは金星の別名で、夕方の西空に輝く金星を宵の明星、明け方の東空で見られる場合には明けの明星と呼ぶ。水星も同じように夕方の西空か明け方の東空でしか見られない。火星・木星・土星は夕方、明け方に限らず真夜中でも見られる。

では、いつどこをさがせば惑星を見つけられるだろうか。調べるには、天文雑誌やウェブサイトが便利だ。今どんな星座や惑星が見えるかなどのくわしい解説がのっている。惑星の近くに明るい1等星や見つけやすい星座、月があれば、さがすときの目安になるのでチェックしておこう。

●国立天文台ほしぞら情報

http://www.nao.ac.jp/astro/sky/

図表 6-15　惑星どうしの接近が見られる日

2020年12月22日	木星と土星の接近	夕方の南西の空
2021年7月13日	金星と火星の接近	夕方西の空
2022年3月16日	金星と火星の接近	明け方南東の空
2022年3月29日	金星と土星の接近	明け方南東の空
2022年4月5日	火星と土星の接近	明け方南東の空
2022年5月1日	金星と木星の接近	明け方東の空
2022年5月29日	火星と木星の接近	明け方南東の空
2023年1月23日	金星と土星の接近	夕方南西の空
2023年3月2日	金星と木星の接近	夕方西の空
2023年7月1日	金星と火星の接近	夕方西の空

この前後しばらくは、惑星どうしが近くにならんだようすが見られ、目立つので、見つけるときの目安になる。

一月

一金星

図表 6-16　月と金星　ⒸAnimals Animals/PPS

6 双眼鏡と望遠鏡

双眼鏡と望遠鏡は星を観察するときにとても便利な道具だ。どちらも遠くのものを見るための道具だが、見え方や使い方はずいぶん違う。

1 双眼鏡の使い方

双眼鏡は組み立てる必要もなく、持ち運びもかんたんで、気軽に天体観察をするのに最適だ。双眼鏡を使うときはピントとはばをあわせるのが大切だ。また、しっかり固定することでぐっと見やすくなる。

❶ 両目のはばに合せたら、左目だけでのぞき、ピントリングでピントを合わせる
ピントリング

❷ 右目だけでのぞき、視度調整リングでピントを合わせる

❸ 両目でのぞいて、ピントリングで再度ピントを調整する
視度調節リング

❹ 両目のはばにあわせる
両ひじをつくだけでずいぶん安定する

❺ しっかりと固定する
三脚があると友だちどうしで見るときに便利

図表 6-17　双眼鏡を使いこなそう。くわしくは、とりあつかい説明書などで確認しよう。

2 望遠鏡の使い方

望遠鏡は、双眼鏡よりも高い倍率で星を見られる道具だ。レンズや凹面鏡（お皿のように真ん中がくぼんでいる鏡）で光を集めることで、暗い天体もくっきり見える。レンズを使うものが**屈折望遠鏡**、凹面鏡を使うものを**反射望遠鏡**という。

望遠鏡は倍率が高いので、少し動かしても大きくブレてしまうから手持ちでは使えない。そのため、望遠鏡はしっかりした三脚にのせ、スムーズに動かせる架台を使って天体にねらいをつける。ファインダーでおおまかに天体にねらいをつけると（図表6-19）、望遠鏡でその天体をとらえられる。

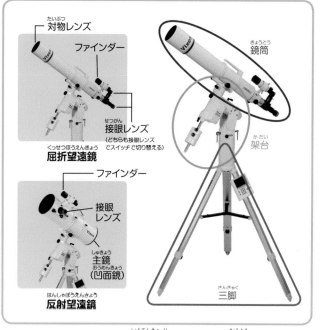

図表6-18 望遠鏡のしくみ。焦点距離は、レンズや鏡筒の横に、fl = 600mm などと書いてあることが多い。ⓒ㈱ビクセン

望遠鏡の倍率は、のぞく場所につける接眼レンズを交換すれば変えられる。倍率が高いほど、もちろん天体は大きく見えるが、同時に薄暗くなっていく。レンズや鏡の直径（口径）が大きいほど、高倍率でも暗くならない（☞図表6-20）。

望遠鏡の倍率は、「対物レンズ（鏡）の焦点距離 ÷ 接眼レンズの焦点距離」で求める。たとえば焦点距離が 600mm の対物レンズと 20mm の接眼レンズなら、600 ÷ 20 で倍率は 30 倍。接眼レンズが 10mm なら倍率は 60 倍となる。焦点距離は、レンズや鏡筒に、fl = 600mm などと書いてあることが多い。

望遠鏡を地上の遠くの目標物に向け、ファインダーの調節ネジで目標物が真ん中に見えるようにする。明るいうちに練習しておこう。

星を見るときは、ファインダーをのぞきながら、微動ハンドルやリモコンで目的の天体にねらいをつけて、望遠鏡をのぞく。

望遠鏡のピントは、ピント調整ダイヤルを回して合わせる。そのときにダイヤルの固定ネジをゆるめて動かし、ピントがあったらしめるとピントがずれない。

図表6-19 望遠鏡を使いこなそう

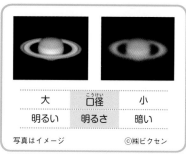

大	口径	小
明るい	明るさ	暗い

写真はイメージ　　　　ⓒ㈱ビクセン

図表6-20 口径の違う望遠鏡を同じ倍率にしてとらえた土星。倍率は口径のセンチ数の10倍くらいがちょうど良く、20倍が限界といわれている。つまり、口径6cmなら60倍がちょうど良く、120倍が限界。口径20cmなら200倍がベストで、400倍が限界。

7 双眼鏡・望遠鏡で惑星にチャレンジ!

惑星を夜空の中で見つけられるようになったら、双眼鏡や望遠鏡を向けてみよう。拡大して観察すると、肉眼ではわからなかった惑星の形や表面の模様などが見えてくる。

1 双眼鏡で惑星を見ると…

双眼鏡というとバードウォッチングなどに使うイメージが強いかもしれないが、惑星、月、木星の衛星、星団（すばるなど）、星雲、それから小さな星座などの観察にもとても役立つ。たとえば、肉眼では見つけにくい水星をさがすときに便利だ。水星が見える時間帯は太陽がしずんだばかりで空がまだ少し明るいため、水星はあまり目立たないが、双眼鏡で西の空を拡大すれば見つけやすくなる。また、木星のまわりを回る衛星を見るのもおもしろい。ガリレオ衛星と呼ばれる4つの衛星が木星の両わきに一列にならんでいるようすが見られる。衛星は木星のまわりを1日から数日で一回りしているので、2、3時間おき、または次の日に見てみると、衛星の位置が動いているのだ。見ていてあきない惑星だ。

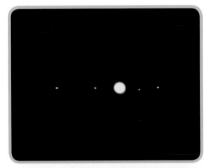

図表6-21　双眼鏡で見た木星とガリレオ衛星

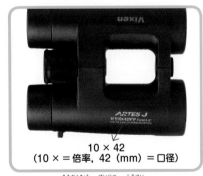

10 × 42
(10 × = 倍率, 42 (mm) = 口径)

図表6-22　双眼鏡の倍率と口径の調べ方
ⓒ㈱ビクセン

　双眼鏡を初めて使うなら、まずは口径（レンズの大きさが）3〜5cm、倍率7〜10倍の低倍率のものがよいだろう。これで十分ガリレオ衛星が見える。手で持っているとぶれてしまい衛星がいくつあるのかよく見えないので、三脚にしっかりと固定させることが大切だ。

望遠鏡で惑星を見ると…

　望遠鏡を使うと、双眼鏡よりももっと拡大でき、惑星の形や模様も見られる。気軽に使える小型望遠鏡（口径5〜10cm程度）でも十分楽しむことができる。もちろん、口径の大きな望遠鏡ほどよく見えるが、地球には大気があるので像が乱れてしまい、どんなに大きな望遠鏡でもくっきりとは見えない。図表6-23は、左列が地上にある公共天文台の望遠鏡で撮った写真、右列が宇宙空間に浮かぶハッブル宇宙望遠鏡で撮った写真だ。

		地上の公共天文台の望遠鏡	ハッブル宇宙望遠鏡
火星	2年2カ月ごとの地球への接近のときが観察のチャンス。口径5cm程度なら赤くて丸いようすがわかり、8cm程度以上から極冠の白いようすや黒っぽい模様もわかる。		極冠
木星	口径8cm程度でもしま模様が1〜2本は見える。口径10cm程度以上なら大赤斑も見えるだろう。		
土星	口径5cm程度なら環（リング）があるのがわかる。口径8cm程度なら環がしっかりと見え、10cm程度なら環の中のカッシーニのすき間も見えるだろう。		カッシーニのすき間
天王星	口径90cmの反射望遠鏡でとらえた天王星（左）。あわい青緑の円盤状に見える。色はよくわかるが、しま模様は、もともとほとんどない。これ以下の口径では、青緑色の小さな円盤があるとわかる程度。		
海王星	口径90cmの反射望遠鏡でとらえた海王星（左）。天王星よりさらに小さく青っぽく見える。これより口径が小さいと、その存在がわかる程度で色はわからないかもしれない。		

図表 6-23　地上と宇宙では、惑星の見え方はこんなにかわる　右列5点：© NASA，左列下2点：© 姫路市「星の子館」

▶▶▶ 太陽の観察方法

　太陽はとても強い光を出しているため、肉眼で見ると目を痛めてしまう。だから絶対に肉眼で見てはいけない天体だ。

　では、太陽を観察するにはどうすればいいだろうか？　もっとも手軽な方法は太陽メガネ（日食グラスなどともいう）を通して観察する方法だ。しかし、この方法では太陽の形はわかるが、黒点など太陽表面のようすはわからない（特別に大きい黒点になると、太陽メガネでも観察できる場合がある。肉眼でも見える大きさの黒点は肉眼黒点と呼ばれる）。

　次に、望遠鏡を使う方法を紹介しよう。まちがっても他の天体を見るように**望遠鏡で太陽をのぞいてはいけない**。望遠鏡とは光を集めて像をつくり、それを拡大して見せる道具だからだ。ただでさえ強力な光を出している太陽を望遠鏡で見ようものなら、一瞬にして失明してしまう。

　望遠鏡を使った観察方法のひとつには、太陽の像を映し出す**投影法**がある。これは、望遠鏡でつくった太陽の像を投影板に映し出して観察する方法だ。

　または、望遠鏡に特殊なフィルターを取りつけて、太陽からやってくる光のうち特定の安全な光だけを通して見る方法がある。

　いずれにしても、これらの観察は必ず大人といっしょにおこなってほしい。科学館や天文台の学芸員など、専門知識をもった人といっしょならなお良い。

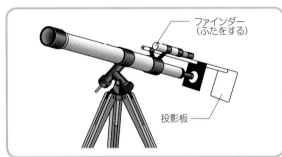

望遠鏡を使った投影法

▲代用品は使わない
黒い下敷きは、太陽メガネ代わりにはなりません。

▲フィルム・写真用フィルターは使わない
黒いフィルムや写真用フィルターを太陽メガネの代わりにしてはいけません。

▲サングラスは使わない
サングラスは、太陽の観察には使えません。

正しく使いましょう

▲太陽メガネをかけてから見ましょう

▲途中でメガネをはずさない

▲目を太陽からそらしてはずす

太陽観察の注意点

Q1 天の川を見るときに、さけた方がよいのはどれか。

① できるだけ暗いところで見る ② 満月の日に見る
③ 暗いところで、しばらく目を慣らす ④ 空の広く見えるところで見る

Q2 次のうち、天体望遠鏡で観察できないものはどれか。

① 木星のしま模様 ② 土星の環（リング） ③ 月のクレーター ④ 太陽風

Q3 水星、金星、火星、木星、土星に共通する見え方について、正しいのはどれか。

① 他の星よりもまたたいて見える ② 夕方の西の空でしか見られない
③ すべて1等星よりも暗い ④ 他の星とは異なる動きをする

Q4 次の図のように目盛りをあわせると、星座早見ばんは、何月何日の夜8時の星空を示しているのだろうか？

① 9月20日
② 10月5日
③ 11月4日
④ 7月7日

©三省堂

Q5 口径6cm、焦点距離900mmの屈折望遠鏡で、焦点距離20mmの接眼レンズを使うと、倍率は何倍か。

① 30倍 ② 45倍 ③ 120倍 ④ 180倍

Q6 次の月齢の中で、星座の観察会をするのに、最も適した月齢はどれか。

① 月齢3（三日月） ② 月齢13 ③ 月齢15（満月） ④ 月齢18

解答・解説はウラ

解答解説

A1

② **満月の日に見る。**

解説 ▶▶▶ 天の川は、あわくてうっすらとしたものなので、明るいところで見るのはむずかしい。できるだけ暗いところで見るようにしよう。 天の川を見るのには、月の明かりも大敵だ。満月はかなり明るいので、天の川を見ようとするとじゃまになるので、さけた方がよい。できるだけ新月に近いときに挑戦しよう。

A2

④ **太陽風**

解説 ▶▶▶ 天体望遠鏡は、遠くにあるものを大きくするときに使う。①②③は天体望遠鏡を使うと、よく見ることができる。④は太陽から噴き出す電気を帯びた流れのことで、天体望遠鏡では観察できない。

A3

④ **他の星とは異なる動きをする**

解説 ▶▶▶ 惑星は他の星とは異なる動きをするから、星座早見ばんにはえがかれていない。見分け方として、惑星は、あまりまたたかない。また、金星と水星は夕方の西の空か、明け方の東の空でしか見られないが、火星・木星・土星は真夜中でも見られる。他の星よりも明るく、1等星よりも自立つことも多い。よって、①、②、③はまちがい。

A4

② **10月5日**

解説 ▶▶▶ 星座早見ばんの日にちの目もりと時刻の目もりがあっているところが、その日のその時刻に見えている星空。図では、夜8時つまり20時が10月5日とあっている。

A5

② **45倍**

解説 ▶▶▶ 望遠鏡の倍率は、「対物レンズの焦点距離÷接眼レンズの焦点距離」で求められる。ここでは、焦点距離が900mmの対物レンズと20mmの接眼レンズだから、900÷20で倍率は45倍となる。倍率が高いほど天体は大きく見えるが、同時に薄暗くなっていく。

A6

① **月齢3（三日月）**

解説 ▶▶▶ 星座観察をするには、できるだけ暗い空が望ましい。①なら、月もあまり明るくないし、出てもじきに沈んでしまうので、あまりじゃまにならない。②③は、明るい月が昇ってくるので、かなりじゃまになる。④は、月の出てこないうちならいいが、少しすると昇り始めてじゃまになってくる。

執筆者一覧 (五十音順)

梅本真由美 ...... 各章冒頭グラビア担当　　サイエンスライター

黒田武彦 .... 構成・編集担当　　　　元兵庫県立大学教授・元西はりま天文台公園園長

成田　直 .... 1、2章担当　　　　　　元・川西市立北陵小学校教諭

福江　純 .... 構成・編集担当　　　　大阪教育大学教育学部天文学研究室教授

水谷有宏 .... 5、6章担当　　　　　　元・郡山市ふれあい科学館天文担当

室井恭子 .... 3、4章担当　　　　　　元・国立天文台天文情報センター広報普及員

渡部義弥 .... 構成・編集、0章担当　　大阪市立科学館学芸員

監修委員 (五十音順)

池内　了 .... 総合研究大学院大学名誉教授

黒田武彦 .... 元兵庫県立大学教授・元西はりま天文台公園園長

佐藤勝彦 .... 明星大学客員教授・東京大学名誉教授

沢　武文 .... 愛知教育大学名誉教授

柴田一成 .... 同志社大学客員教授・京都大学名誉教授

土井隆雄 .... 京都大学特任教授

福江　純 .... 大阪教育大学教育学部天文学研究室教授

藤井　旭 .... イラストレーター・天体写真家

松井孝典 .... 千葉工業大学惑星探査研究センター所長・東京大学名誉教授

松本零士 .... 漫画家・(公財) 日本宇宙少年団理事長

吉川　真 .... 宇宙航空研究開発機構准教授・はやぶさ2ミッションマネージャー

索引